Das Superbuch der
Modellbahn
Anlagen

Herausgegeben von der **MIBA**-Redaktion

Weltbild

Genehmigte Lizenzausgabe für Verlagsgruppe Weltbild GmbH,
Steinerne Furt, 86167 Augsburg
Copyright © 2007 by VGB Verlagsgruppe Bahn GmbH, MIBA-Verlag, Nürnberg
Umschlaggestaltung: Atelier Lehmacher, Friedberg (Bay.)
Umschlagmotive vorne und hinten: MIBA-Verlag
Gesamtherstellung: Neografia, a.s., Martin
Printed in the EU
ISBN 978-3-8289-5410-6

2011   2010   2009   2008
Die letzte Jahreszahl gibt die aktuelle Lizenzausgabe an.

Einkaufen im Internet: *www.weltbild.de*

Inhalt

Bei jeder Anlagenvorstellung finden Sie einen kleinen Kasten mit drei Symbolen:

steht für die Nenngröße

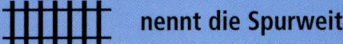 gibt den Maßstab an

nennt die Spurweite

Ein Wort zuvor

Mit diesem Band setzt sich eine Reihe fort, in der seit mehreren Jahren die besten und schönsten Modellbahnanlagen aus der renommierten Fachzeitschrift „MIBA-Miniaturbahnen" Revue passieren.

Wer jemals geglaubt hat, die permanent hohe Nachfrage nach neuen Anlagenideen und Gleisplänen könne und müsse angesichts der Flut an Modellbahnliteratur eines Tages abebben, wenn nicht gar versiegen, dürfte sich täuschen: Modellbahnliteratur der Sparte „Planung und Bau" hat, wie immer, ungeschmälert Hochkonjunktur. Die Vorstellung „fertiger" Anlagen, erläutert durch jede Menge Tricks und Tipps, gehört ganz sicher dazu, sind es doch gerade die prachtvollen Fotos, die anregen, verführen und bei manch einem Leser und Betrachter den berühmten letzten Anstoß zum „Loslegen", mithin zum eigenen Start geben.

Die schier unerschöpfliche Marktvielfalt an Modellbahn-Erzeugnissen, von Lokomotiven und Wagen über Gebäude bis hin zu exzellenten Materialien für die Landschaftsgestaltung, weckt und befriedigt heute Bedürfnisse, an die noch vor einem guten Jahrzehnt kaum jemand gedacht hat. Das Spektrum der Anlagenmotive bewegt sich dabei in einer Breite, die sich in wenigen Worten nicht wirklich beschreiben, geschweige denn zutreffend erläutern ließe.

Zu klassischen Anlagenthemen gesellten und gesellen sich zunehmend exotische Motive. Waren es früher nur einzelne Modellbahner, die sich etwa für ein Anlagenthema aus Übersee begeisterten, so gibt es heute eine etablierte Gemeinde von US-Fans mit eigenen Kommunikationsformen, eigenen und (manchmal auch) eigenwilligen Treffen. Konnte man die Feld- und Waldbahner unter den ernsthaften Modelleisenbahnern einst mit der Lupe suchen, so stellen auch sie heute eine stabile Sparte mit überzeugendem Selbstverständnis und nicht selten großem Selbstbewusstsein dar.

Einst mehr oder minder stark belächelte Baugrößen wie TT, N oder gar Z stehen längst gleichberechtigt neben der traditionellen Baugröße H0. So lassen die prachtvollen Fotos dieses Bandes bisweilen erst beim zweiten oder gar dritten Hinschauen einen Rückschluss auf die dargestellte Baugröße zu. In der Defensive vermutete Baugrößen wie etwa 0 haben neuerdings eine Kehrtwendung vollzogen, rasch Fahrt aufgenommen und sich (neue) Sympathien erworben, die zudem beständig wachsen.

Auch im Hinblick auf die Dimensionen heutiger Modellbahnanlagen gedeiht der Pluralismus: Den riesigen Showanlagen für quirligen und einträglichen Publikumsverkehr stehen heute kleine und kleinste Funktionsdioramen gegenüber, die – meisterhaft gebaut – auf mancherlei Messen und Ausstellungen den Beweis erbringen, dass technische, geschmackliche und künstlerische Größe nicht an gewaltige Ausmaße gebunden ist. Es müssen nicht die viele Modellmeter hohen Rocky Mountains sein, die von überlangen Modellzügen bewältigt werden – der winzige Endbahnhof einer kleinen Waldbahn mit allen möglichen Funktionsmodellen überzeugt auch!

Bereits beim Durchblättern dieses Bandes dürfte der Betrachter daher rasch zu der Erkenntnis gelangen, dass Modellbahn heute vor allem farbenprächtige Vielfalt, lebendige Kreativität und handwerkliche Meisterschaft, nicht selten auch technische Perfektion beinhaltet und widerspiegelt. Dennoch (oder gerade deshalb?) ist die Modellbahn ein Hobby, in dem jeder seinen Platz finden kann. Suchen Sie nach Ihrem Platz in dieser facettenreichen Welt? Dann sind Sie hier richtig! Wir wünschen Ihnen Gewinn und Inspiration, Spaß und Genuss beim Schauen und Lesen.

Ihre MIBA-Redaktion

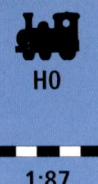
Modellbahn im Stellwerk

In der dritten Etage der Anlage kann die Paradestrecke mit weitläufiger Landschaft bewundert werden.
Rechte Seite: Blick aus Richtung Bw des Kopfbahnhofs, der in Anlehnung an den Gleisplan von Pirmasens Nord entstand.

Fotos: Gerhard Peter

Der Verein Eisenbahnfreunde Lengerich e.V. hatte das Glück, im stillgelegten DB-Stellwerk Lengerich Nord (Ln) ein zünftiges Domizil zu finden. Im einstigen, 13,5 m langen und 3,80 m breiten Dienstraum in der oberen Etage entstand auf drei Ebenen eine 12 m lange und maximal 1,50 m breite H0-Anlage im Zweileiter-Gleichstromsystem.

Vorbild und Modellumsetzung

Den betrieblichen Mittelpunkt bildet ein etwa 8 m langer Kopfbahnhof, der dem Vorbild von Pirmasens Nord nachempfunden wurde. Diesen Bahnhof, berichtet Vereinsmitglied Detlef Höhn, habe man wegen seiner vielfältigen Fahr- und Rangiermöglichkeiten und des Wunsches nach interessanten Betriebsabläufen gewählt. Die Endstation verfügt über vier Bahnsteiggleise sowie drei Gleise für den Güterzugdienst.

Ein von diesen Gleisanlagen optisch getrennter, viergleisiger Betriebsbahnhof im hinteren Anlagenbereich dient den Mitgliedern zum Bereitstellen und Einfädeln mitgebrachter Zuggarnituren. Die bis zu sieben Meter langen Modellzüge gehen von diesen Gleisen aus auf die Fahrt über die Anlage, um am Ende eines „Betriebstags" wieder hierher zurückzukehren. Das kleine Bahnbetriebswerk mit den erforderlichen Behandlungsanlagen für Dampf- und Diessellokomotiven sowie einem dreigleisigen Ringlokschuppen mit Drehscheibe dient den bei einem Kopfbahnhof dieser Größe notwendigen Lokwechseln. Überdies beheimatet das kleine Depot die am Ort stationierten Rangierlokomotiven.

Pirmasens Nord ist über eine zweigleisige Gleiswendel mit einer höher gelegenen, zweigleisigen Paradestrecke verbunden. Die Strecke führt durch eine hüglige Landschaft in einen Schattenbahnhof, der je Fahrtrichtung fünf Gleise besitzt. Auf der Anlage können bis zu 14 Zuggarnituren verkehren.

Die Bahnsteige entstanden unter Verwendung von Pflasterplatten aus dem Evergreen-Programm und Schaufelsplitt von Rainershagen. Die Überdachungen stammen von Pola.

Linke Seite: Blick über Lade- und Aufstellgleise. Die großzügig gestalteten Gleisanlagen erlauben neben betriebsintensiven Lokwechseln auch Rangierarbeiten. Güterzüge müssen aufgelöst und wieder zusammengestellt werden.

Das kleine Bw dient hauptsächlich dem Drehen der Schlepptenderloks und der Versorgung der Rangierloks.

Steuerung

Schattenbahnhof und Paradestrecke lassen sich mithilfe einer elektronischen Blocksteuerung unabhängig vom Endbahnhof betreiben. Getrennte Brems- und Halteabschnitte gestatten den problemlosen Einsatz von Wendezügen. Die außerhalb des Endbahnhofs im Ringverkehr fahrenden Züge wechseln sich entweder mit den im Schattenbahnhof wartenden Zuggarnituren automatisch ab oder gelangen (je nach Auswahl) über die Gleiswendel in den Endbahnhof, wo sie über Handregler gesteuert wer-

den. Der Weichen- und Signalstellung dienen selbstgebaute Gleisbildstellpulte. Bei vollem Betrieb beschäftigt die Anlage bis zu fünf Modellbahner.

Damit Besucher des Vereins Paradestrecke und Kopfbahnhof ungestört betrachten können, wurde die Anlage in Raummitte gebaut. Um den oberen, rückwärtigen Teil mit der Paradestrecke auf Augenhöhe legen zu können, musste der Gang hinter der Anlage hochgelegt werden. An den Schmalseiten führen Treppenstufen auf die Fußbodenhöhe des Raums zurück. Hier hat man nicht nur einen guten Überblick auf das in Meterhöhe lie-

Anlagen-Steckbrief	
Nenngröße:	H0
Baumaßstab:	1:87
Anlagengröße:	12,0 m x 1,50 m
Thema:	Endbahnhof „Pirmasens Nord" mit Paradestrecke
Rollmaterial:	Roco, Fleischmann, Piko
Gleismaterial:	Roco Line
Epoche:	III

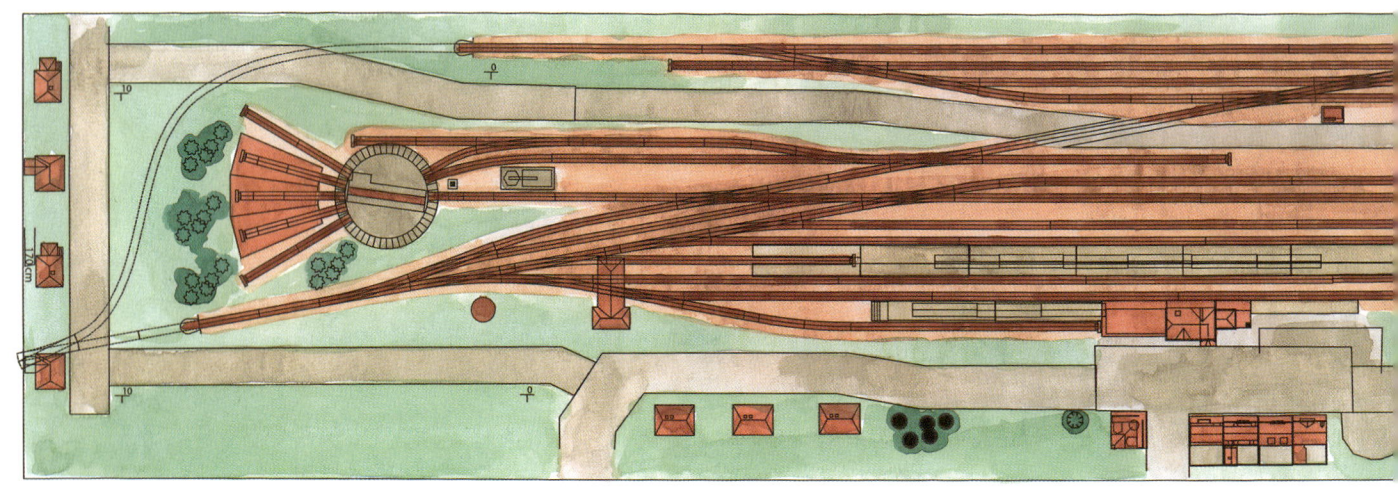

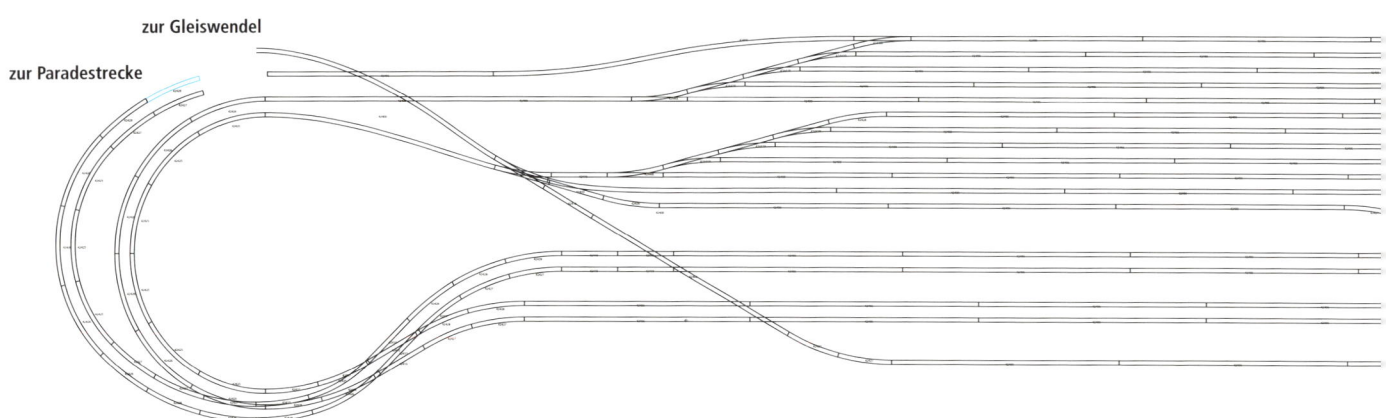

zur Gleiswendel

zur Paradestrecke

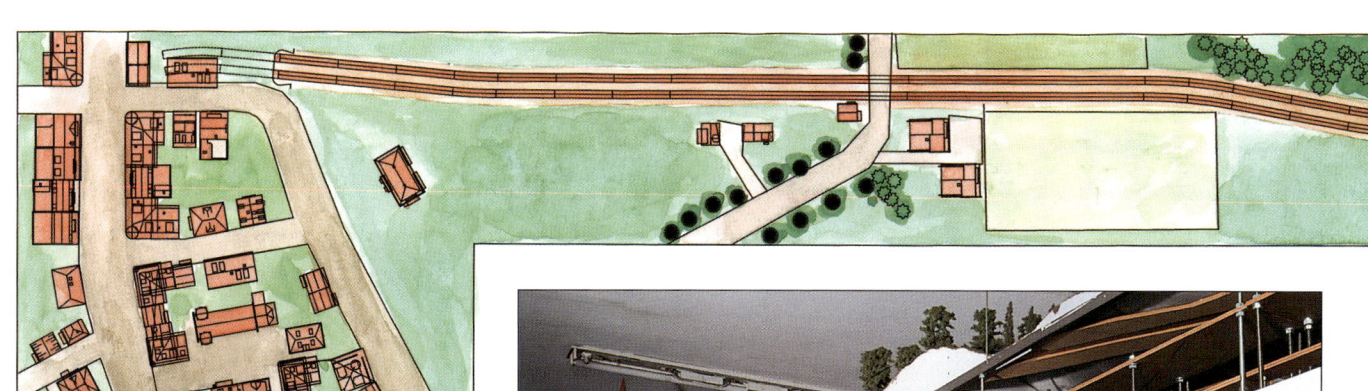

Ungewöhnlich ist die Anordnung der drei Betriebsetagen der Anlage. Die im Hintergrund sichtbare Gleiswendel verbindet die untere Etage mit dem Endbahnhof und den beiden hoch oben befindlichen Etagen. Über dem Schattenbahnhof ist die Paradestrecke angesiedelt.

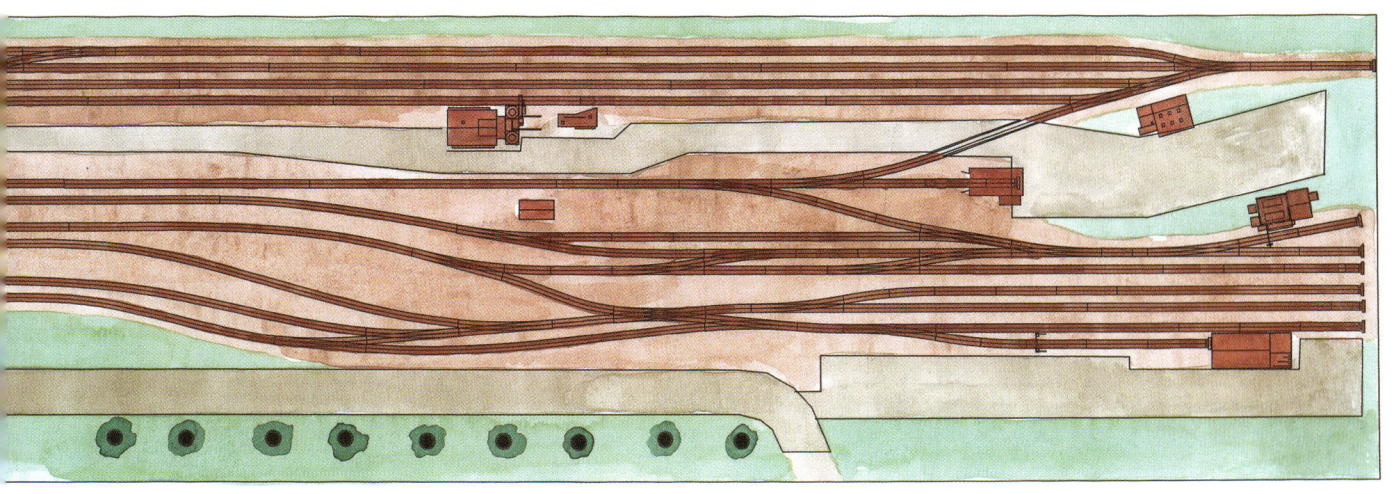

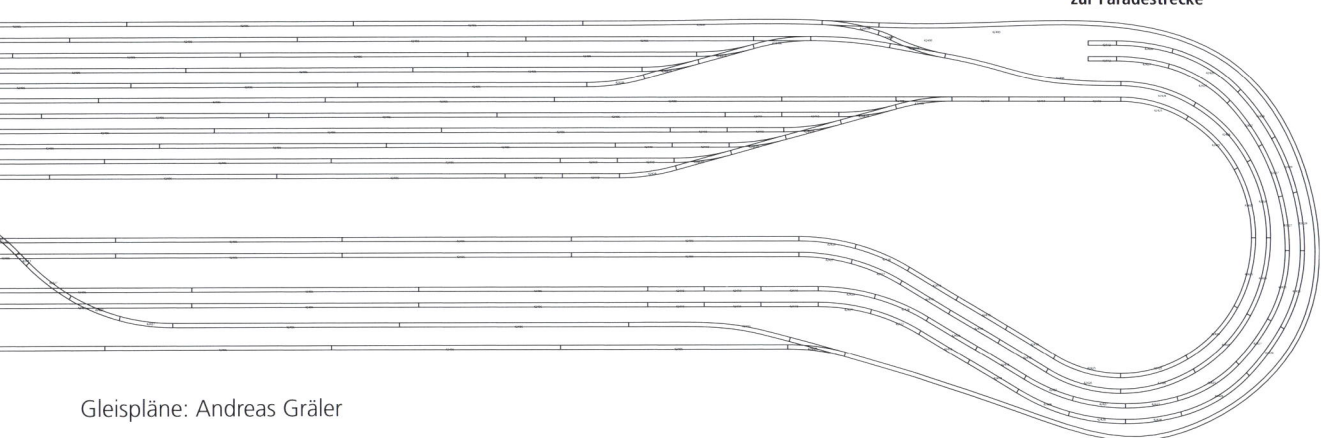

zur Paradestrecke

Gleispläne: Andreas Gräler

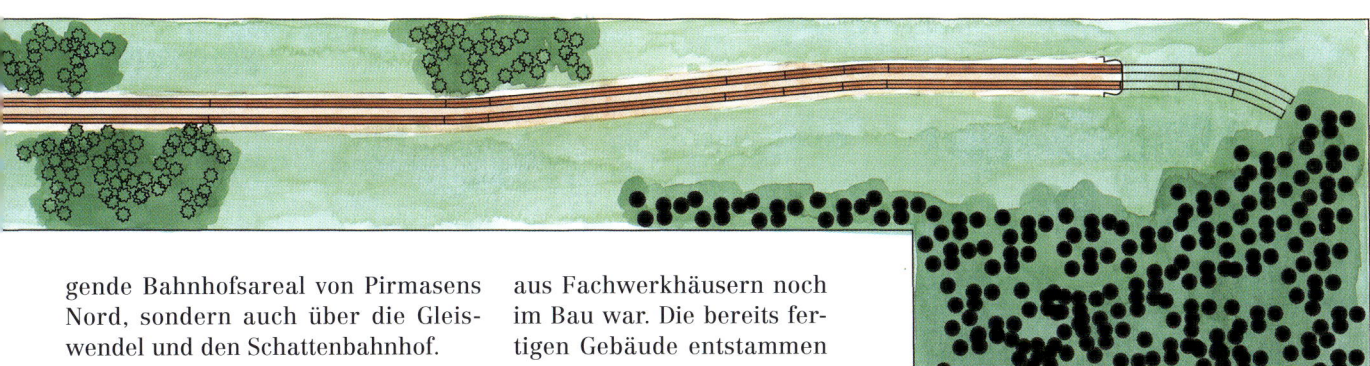

gende Bahnhofsareal von Pirmasens Nord, sondern auch über die Gleiswendel und den Schattenbahnhof.

Gleise, Gelände und Gebäude

Das vorbildnahe Gleisbett aus Rainershagen-Schotter wurde mit verschiedenen Pudern vom selben Anbieter gealtert. Das Geländerelief erforderte Holzspanten, Fliegendraht, Küchenrollen und Gips. Bei der Begrünung fand Material von Woodland, Heki und Silflor Verwendung. Als die Fotos entstanden, prägten den östlichen Anlagenteil bereits Wälder und Wiesen, während die für den westlichen Teil vorgesehene Kleinstadt vorwiegend

aus Fachwerkhäusern noch im Bau war. Die bereits fertigen Gebäude entstammen den Bausätzen einschlägiger Hersteller. Ihr realistisches Outfit verdanken sie einer farblichen Nachbehandlung und Pudern von Rainershagen. Das Pflaster von Straßen und Flächen am Freiladegleis und der Rampe wurde unter Verwendung von Spörle-Formen gegossen. Die 2,50 m langen Bahnsteige entstanden aus Sperrholz und Evergreen-Platten. Die Laternen lieferte Reitz, während fast alle Signale aus dem Viessmann-Programm stammen.

Die Pläne zeigen die Gleisentwicklung der drei Etagen. Während der Kopfbahnhof mit seinem umfangreichen Gleisvorfeld und dem Bahnbetriebswerk die Fläche voll ausnutzt, liegt die knapp unter der Zimmerdecke angeordnete Paradestrecke in einer großzügig gestalteten Landschaft.

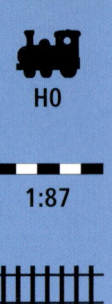
Der Stern von Mals

D er 1906 eröffneten Nebenbahn von Meran nach Mals sollte die Alpenüberquerung via Reschenpass folgen. Angesichts der hochalpinen Verhältnisse oberhalb von Mals verschob man jedoch den Weiterbau der Strecke auf einen späteren Zeitpunkt. Obwohl als Durchgangsbahnhof angelegt, fungierte Mals als Endbahnhof. Nachdem Südtirol infolge des Ersten Weltkriegs zu Italien kam, sollte es dabei bleiben.

Um nun ihren Schlepptenderloks eine Wendemöglichkeit zu verschaffen, ließ die italienische Staatsbahn ein Gleisfünfeck anlegen. Die einem Drudenfuß ähnliche Gleisfigur war kein Einzelfall; vergleichbare Wendeanlagen entstanden auch in den Grenz-

bahnhöfen Innichen und am Brenner. Möglicherweise wollte man Drehscheiben im Hochgebirge deshalb vermeiden, weil Erfahrungen mit ihrem Betrieb fehlten und Schneeverwehungen der Gruben sowie Vereisungen der Mechanik befürchtet wurden.

Auch ein Gleisdreieck schied aus, da es bei gleichen Radien wesentlich mehr Platz erfordert hätte, während das Fünfeck bereits nach Aufschüttung zweier kurzer Dämme gebaut werden konnte. Obwohl das Wenden in Sägefahrten aufwendig anmutete, stellte es insofern das geringere Übel dar, als eine kleine Drehscheibe die Trennung der Lok von ihrem Schlepptender und dessen manuelles Rangieren erfordert hätte.

Der Wendestern im Modell

Neben dem Wendestern reizten den Anlagenerbauer Dr. Moritz Gretzschel auch die unverwechselbaren Hochbauten zur Nachgestaltung im Modell: Auf der einen Seite das altösterreichische Empfangsgebäude und der Güterschuppen, auf der anderen Seite (im Inneren des Gleisfünfecks) das kleine italienische Lokdepot mit Remise, Wasserturm und Übernachtung: alpine und mediterrane Bahnhofsarchitektur auf engstem Raum!

Als Vorlage für den Selbstbau dieser Gebäude dienten Dias vom Vorbild: Dr. Gretzschel nahm sie aus großer Entfernung verzerrungsarm auf, projizierte die Fotos auf Papier, zeich-

nete ihre Konturen nach und schuf auf diesem Wege Anhaltspunkte für den Nachbau, zu dem er Holz, Karton, Pertinax- und Polystyrolplatten verwendete. Lediglich für die Giebel der Remise konnten Teile eines Lokschuppens von Pola genutzt werden. Das Verputzen sämtlicher Teile mit Spachtelmasse schuf dem Vorbild überraschend ähnliche Strukturen. Die fein unterteilten Fensterrahmen wurden aus Messingblech geätzt.

Der Nachbau des Wendesterns wartete sowohl mit geometrischen als auch schaltungstechnischen Herausforderungen auf. Die einzelnen Schienen wurden auf eine kupferkaschierte Pertinaxplatine gelötet und Abschnitte mit unterschiedlicher Polung durch

Ätzen voneinander getrennt. Jede der drei Kreuzungen besitzt zwei leitende Herzstücke, in denen Schienen gleicher Polung zusammenstoßen, sowie zwei weitere Herzstücke, wo sich unterschiedlich gepolte Schienen kreuzen. Diese Herzstücke entstanden mithilfe kleiner Pertinaxklötzchen mit eingefrästen Spurrillen. Die Klötzchen wurden in vorbereitete Schienenlücken eingeklebt und farblich angepasst. Die überlangen Radlenker entstanden aus Messing-Winkelprofilen. Im Kreuzungsbereich liegt das Gleis in einer Sandbettung.

Im Unterschied zum Vorbild mit seinen Rückfallweichen erhielten die Modellweichen motorische Antriebe, die neben der Polarisierung

Wenden in fünf Zügen: Die Lok ist mit der im Bahnhof wartenden Garnitur in Mals eingetroffen und hat rückwärts das im Vordergrund liegende Gleis bis zum ersten Stumpfgleis passiert. Dann ist sie vorwärts in das zweite zwischen Werkstattanbau und Übernachtungsgebäude gelegene Stumpfgleis vorgezogen.

13

Eine D 345 rangiert im Geländeeinschnitt, der den Bahnhof nach Westen abschließt. Hier hätte die Fortsetzung über den Reschen weitergebaut werden sollen. Um perspektivische Verzerrungen zu vermeiden, sind die Gebäude – hier die hinter dem Bahnhof gelegene Kaserne – bewusst unter Verzicht auf Perspektive gemalt.

Unten: Die Gr 741 mit ihrem Lokalzug passiert das Einfahrsignal von Mals. Die 2 auf dem Flügel kennzeichnet es als Signal zweiter Kategorie, das durch kein Vorsignal angekündigt wird und daher bei „Halt" um bis zu einer Zuglänge überfahren werden darf.

der Herzstücke uneingeschränktes Rangieren gestatten. Die während des Wendevorgangs notwendige Umpolung erfolgt auf dem inneren, dem Empfangsgebäude zugewandten Gleisjoch. Beim Gleismaterial handelt es sich um Peco Code 75. Die klobigen Verschlusskästen mussten je drei neu aufgezogenen Einzelschwellen weichen. Charakteristisch für Italien sind die weißen Markierungen an den Enden der Radlenker und Flügelschienen sowie die Weichengrenzzeichen in Form weiß gestrichener Querschwellen. Prellböcke, Wasserkran, Einfahrsignal und Weichenstellböcke lieferte der italienische Kleinserienhersteller MFAL. Einige der „Affenhebel" entstanden in Handarbeit aus Draht und Polystyrolresten.

Anlagenkonzept und Fahrzeuge

Der Kontakt mit dem Modellbahnclub Schlanders, der Module in Anlehnung an Fremo-Normen baut, führte zur Entscheidung, den Bahnhof Mals mit Modulanschlüssen zu versehen. Das Bahnhofsareal verteilt sich auf drei transportable Segmentkästen von je 155 cm Länge und 65 bis 85 cm Breite. Die in einer Krümmung liegende Einfahrt erstreckt sich über drei kleinere Bogenstücke. Die einzelnen Segmente wurden traditionell als offene Kästen aus 16-mm-Tischlerplatte gebaut, durch Spanten versteift sowie per Fliegendraht, mit leimgetränkten Küchentüchern und Moltofill als Geländebasis hergerichtet.

Der Fahrzeugeinsatz im Vinschgau unterschied sich nur wenig von dem auf anderen italienischen Nebenbahnen. Der wichtigste Bedarf an Rollmaterial konnte mit Großserienmodellen abgedeckt werden. Die Modelle der Dampflokbaureihen Gr 740/741 und der Triebwagen ALn 556 bzw. ALn 668 kommen von Rivarossi bzw. Lima, die Diesellok D 345 und die Centoporte-Abteilwagen von Roco.

Für den Betrieb daheim wurde eine Hintergrundkulisse gemalt, die neben den Bergen des Oberen Vinschgaus markante Gebäude zeigt, darunter die Kaserne am Bahnhof, die charakteristischen Türme von Mals, das Kirchlein St. Veit und das alte Kloster Marienberg.

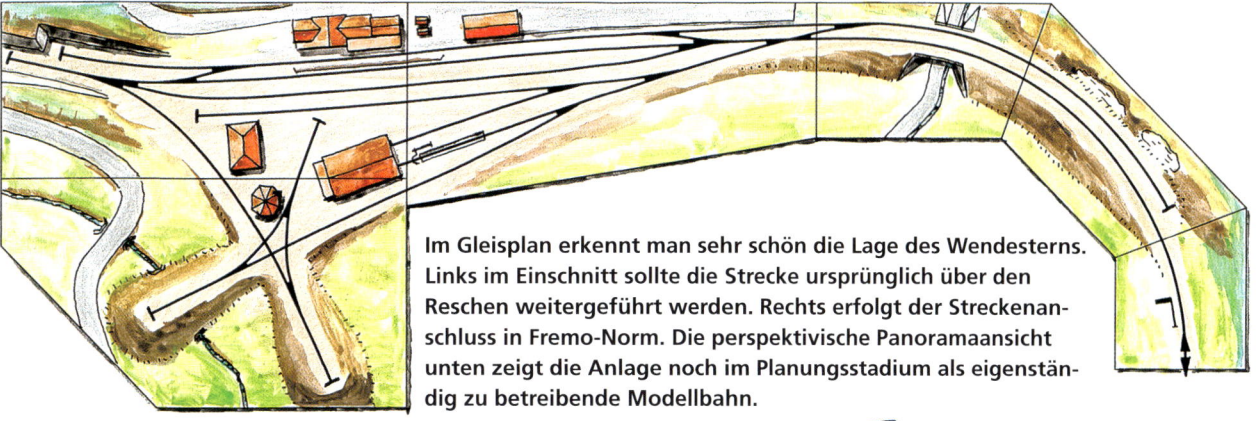

Im Gleisplan erkennt man sehr schön die Lage des Wendesterns. Links im Einschnitt sollte die Strecke ursprünglich über den Reschen weitergeführt werden. Rechts erfolgt der Streckenanschluss in Fremo-Norm. Die perspektivische Panoramaansicht unten zeigt die Anlage noch im Planungsstadium als eigenständig zu betreibende Modellbahn.

Anlagen-Steckbrief	
Nenngröße:	H0
Baumaßstab:	1:87
Anlagengröße:	drei Segmente von 1,55 m Breite und 0,65 – 0,85 m Tiefe sowie drei Bogensegmente von 0,65 m Tiefe
Thema:	Endbahnhof Mals mit Wendestern
Rollmaterial:	Lima, Rivarossi, Roco
Gleismaterial:	Peco Code 75
Epoche:	III

Rechts vom Empfangsgebäude sind Güterschuppen und Nebengebäude angeordnet.

15

Die Kellerbahn

Sämtliche Häuser des kleinen Ortes sind selbst gebaut. Auch die Bäckerei oben ist eine „Eigenkomposition"; man beachte die komplette Inneneinrichtung, die sogar vor einer bestückten Ladentheke nicht haltmacht ...

Rechts: Der Bahnhof in seiner Gesamtheit mit dem Eigenbau-T 53 und dessen Beiwagen am Bahnsteig. Unter dem Bahnhof kann man gerade noch die Zugriffsöffnungen des Schattenbahnhofs erkennen.

Rechts unten: Der T 53 ist schnell fertig mit dem Umsetzen und fährt wieder über die Brücke ins Tal zurück. Das Vorbild hat übrigens eine Fensterachse mehr; angesichts einer Vorbild-LüP von etwa 18 Metern wäre das Modell aber doch etwas zu lang geworden.

Mit löblich familiärer Absicht verkaufte Peter Denzel seine H0-Sammlung nebst aufwendig gestalteter Anlage, um als „Ersatz" einen Grundbestand an LGB-Fahrzeugen zu erwerben, mit denen er seine in noch kindlichem Alter befindlichen Nachwuchstalente in das pädagogisch wertvolle Spiel mit der Modellbahn zu integrieren gedachte. Indes verloren die Zielpersonen seiner didaktischen Mühen schon bald jegliches Interesse und definierten ihr Freizeitverhalten wieder per Fernseh- und Computerbildschirm.

Der frustrierte Vater, mit einer Dampflok, fünf Wagen und einem Schwung Gleise alleingelassen, suchte Trost (und Bauland) im Garten der Familie. Doch auch hier weit gefehlt! Sein trautes Weib widersetzte sich dem wortreichen Antrag, die Mutation ihrer kunstvoll gestalteten Blumenkolonie zur Modellbahn auch noch wohlwollend zu begleiten. Nach außen schmollend und innerlich grollend zog sich der verhinderte Familienpädagoge in den 25 qm großen Keller des Hauses zurück. In jenem Orkus entstand die Idee zum Bau einer Kellerbahn im Maßstab 1:22,5.

Paradiesische Verhältnisse

Als Thema derselben erträumte sich der Eremit wider Willen die Endstation einer Schmalspurbahn, die in Bayern liegen und eine historische Situation widerspiegeln sollte, wie sie dem kreativen Kellerplaner kurz nach der deutschen Wiedervereinigung denkbar erschien. Das Szenario formulierte er so: „Die dargestellte Strecke, betrieben in privater Initiative, überrascht mit einer fast unglaublichen Vielfalt an Fahrzeugen. Auf den Gleisen tummeln sich Loks und Wagen, die offenbar aus ganz Deutschland stammen.

Die Kommunalpolitik ist der Kleinbahn gewogen, indem sie ihr den Auftrag zur Holzabfuhr aus den Gemeindeforsten und die Verantwortung für die Abwicklung des Schülerverkehrs zuschiebt. An den Wochenenden findet Museumsbetrieb statt, der sich infolge des bunten Fahrzeugparks

Fast geschafft: Der Zug überquert die Blechträgerbrücke über das Tal unterhalb der großen Burgruine und erreicht gleich den Bahnhof. Die Ruine wurde nach eigener Fantasie aus Hartschaumplatten erstellt. Die Hintergrundkulisse ist selbst gemalt.

wachsender Beliebtheit erfreut. Bei so viel Zuneigung will selbst das örtliche Kapital nicht abseits stehen und reiht sich in Gestalt einer Maschinenfabrik und eines Lagerhauses in den wachsenden Kundenkreis der Privatbahn ein.

Der Gleisplan dieser paradiesischen Bahnlandschaft kombiniert eine Wendeschleife mit einem Endbahnhof. Die freie Strecke zwischen beiden schwingt sich in engen Bögen ein Tal hinauf, um nach Überquerung desselben in „Oppingen-Stadtwald" zu enden. Unterwegs ist noch ein Anschlussgleis mit Holzverladung zu bedienen. Um eines vielfältigen Betriebes willen existiert innerhalb der verborgenen Wendeschleife ein viergleisiger Schattenbahnhof.

Der gedachte historische Hintergrund gestattet merkwürdige Paarungen: So findet ein betagter Trabbi die Nachbarschaft eines schicken Audi sympathisch, während der alte Opel-Blitz des Kohlenhändlers aus der

(benachbarten) ehemaligen DDR die Nähe eines Scania-Kippers erträgt.

Der Anlagenbau

Der Unterbau der Anlage entstand in altbewährter, offener Rahmenbauweise aus gehobelten Leisten 5 x 2,5 cm. Der Rahmen ruht auf eisernen Tischbeinen aus dem Baumarkt. Die Trassenbretter, die Grundplatten von Schatten- und Kopfbahnhof sowie die seitlichen Abschlussprofile wurden aus Spanplatten zurechtgesägt. Mit dem Rahmen verleimte und verschraubte Leistenstücke stützen Steigungen und Kopfbahnhof.

Die LGB-Gleise ruhen auf Korkstreifen, wobei die Gleisbögen mit leichter Überhöhung der jeweils äußeren Schiene verlegt wurden. Alle Gleise erhielten einen matten, schwarzbraunen Anstrich aus Dispersionsfarben. Als Schotter fand echter Steinschotter der Körnung 2 bis 5 mm Verwendung. Kleinstradien wurden vermieden; die Gleiskrümmungen beginnen mit Übergangsbögen.

Die Landschaftskonturen entstanden aus Alu-Fliegendraht, der an den Trassen und Spanten festgetackert wurde. Auf das Gewebe kam eine Schicht Modellgips, der mit Ponal angemacht wurde. Bei Felspartien beträgt die Schichtdicke etwa 5 cm. Die Felsstrukturen entstanden mithilfe eines Stechbeitels.

Mit einer Mischung aus Weiß, Umbra und Beige gelang es, dem Gelände einen passenden farblichen Grundton zu verleihen. Da die Anlage nicht wetterfest sein muss, konnten viele Materialien aus H0-Sortimenten Verwendung finden, darunter Wildgras von Noch sowie Bäume und Büsche von Pola und Noch. Der Bach aus Gießharz „fließt" in einem Bachbett, das aus echten Erd- und Sandschüttungen, einzelnen Steinen, Ästen und etwas Islandmoos entstand.

Beim Bau der Brücken und Gebäude orientierte sich Peter Denzel

99 4633 hat mit ihren beiden württembergischen Vierachsern und dem PwPosti den Bahnsteig erreicht. Man beachte die realistische Gestaltung des Gleisbereichs mit Echtsteinschotter.

Das kleine Bw mit der Reservelok 99-4652. Der Lokschuppen gehört eigentlich nach Sachsen in den Bahnhof Kohlmühle.

Unten: Liebevoll detailliert ist nicht nur die Umgebung des Lokschuppens, sondern auch das Innere.

Nach der anstrengenden Bergfahrt muss 99 4633 ihre Wasservorräte ergänzen.

an Originalvorbildern. Die Talbrücke entspricht einem Viadukt der Schmalspurbahn Mosbach–Mudau, die Bachbrücke geht auf eine Skizze des MIBA-Zeichners Pit-Peg zurück. Das Vorbild des Empfangsgebäudes befindet sich an der Schmalspurstrecke Amstetten–Oppingen, das Original des Lokschuppens stand einst im sächsischen Kohlmühle. Nur die Burgruine ist ein Fantasieprodukt.

Als Baumaterial diente überwiegend stabiler Karton. Für die Fensterrahmen wurden Balsaleistchen verwendet. Schilder, Beschriftungen und Gebäudekulissen lieferten der PC und dessen Drucker. Frau Denzel revanchierte sich für die Erhaltung ihres Gartens mit der Fertigung von Miniaturgardinen. Die Figuren steuerte Preiser bei.

Fahrzeuge und Betrieb

Den Triebwagen der Steinhuder-Meer-Bahn baute Peter Denzel nach Originalplänen auf ein verlängertes LGB-Fahrgestell. Dieselbe Kleinbahn lieferte die Vorbilder für den GGw und den PwPost, während die vierachsigen Personenwagen einst beim „Federsee-Express" daheim waren. Als Baumaterial verwendete Peter Denzel Kunststoffplatten aus dem Flugmodellbau. Die LGB-Serienfahrzeuge wurden durch die Bank nach Vorbildunterlagen umgebaut und „gesupert". Der geruhsame Betrieb mit bedächtig dahinrollenden Zügen entspricht exakt dem Vorbild. So wird vor der Einfahrt in den Endbahnhof an der Trapeztafel gehalten, bis alle Weichen (natürlich manuell) gestellt sind. Alle Züge zeigen eine selbstgefertigte Schluss-Scheibe, die selbstverständlich umgesteckt wird, wenn der Güterzug den Endbahnhof Oppingen-Stadtwald wieder verlässt.

So entstand eine Anlage, die zeigt, was sich in dieser Baugröße sogar dann machen lässt, wenn kein Garten zur Verfügung steht. Es ist schon ein spannender Moment, wenn sich so eine „Fünfkilo-Lok" den Berg hinaufarbeitet – da riecht es nach Öl, die Radkränze kreischen in den engen Krümmungen, die Dampflok scheint zu leben – Modellbahn zum Anfassen!

Der Güterverkehr wird hauptsächlich mit Dieselloks abgewickelt – hier die V 52 903 mit G-Wagen und Schotterwagen.
Unten: In den Betriebspausen herrscht im beschaulichen Oppingen-Stadtwald wieder die gewohnte Ruhe.

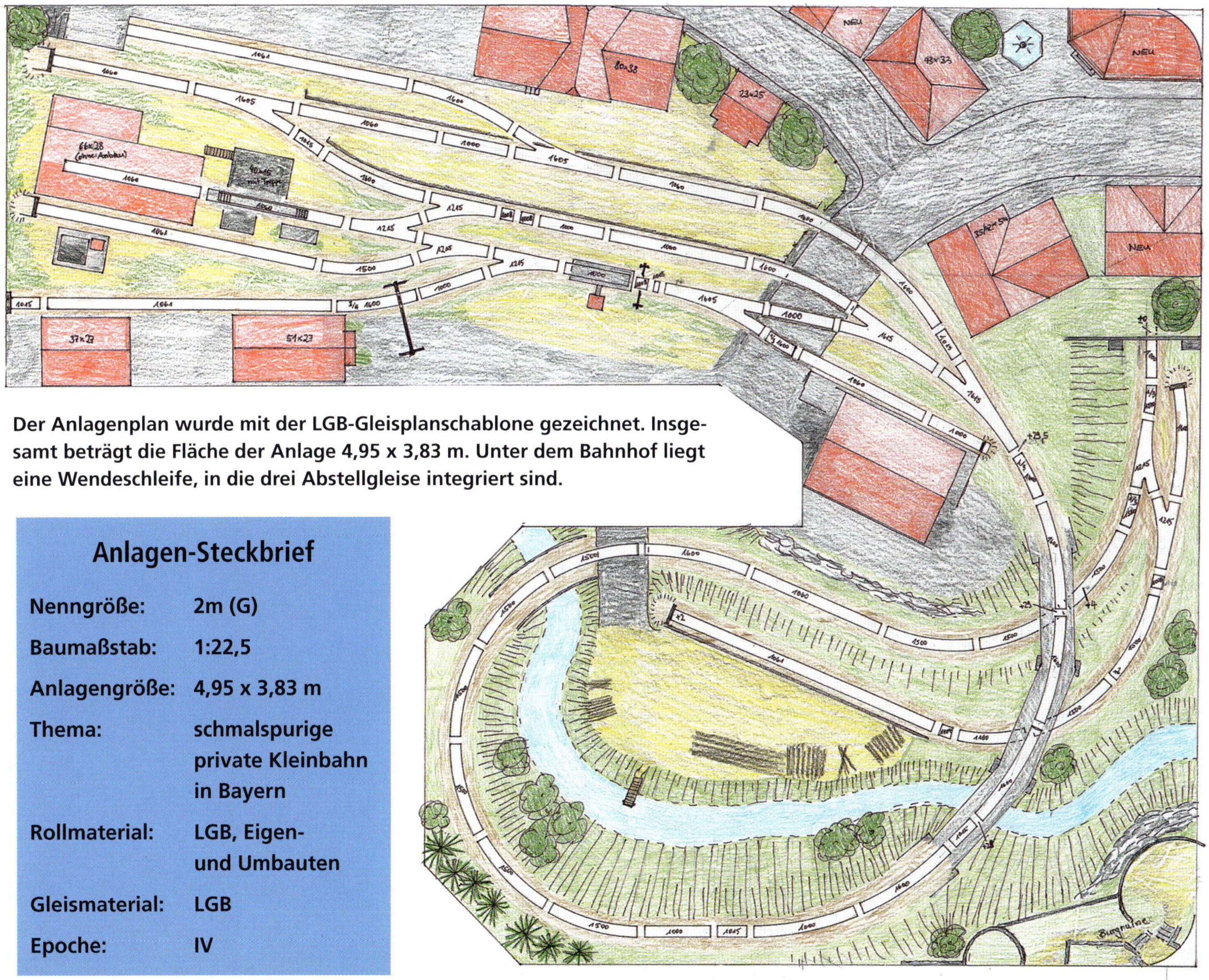

Der Anlagenplan wurde mit der LGB-Gleisplanschablone gezeichnet. Insgesamt beträgt die Fläche der Anlage 4,95 x 3,83 m. Unter dem Bahnhof liegt eine Wendeschleife, in die drei Abstellgleise integriert sind.

Anlagen-Steckbrief

Nenngröße:	2m (G)
Baumaßstab:	1:22,5
Anlagengröße:	4,95 x 3,83 m
Thema:	schmalspurige private Kleinbahn in Bayern
Rollmaterial:	LGB, Eigen- und Umbauten
Gleismaterial:	LGB
Epoche:	IV

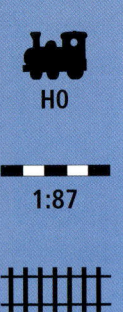

Ein Mythos lebt –
Ottbergen in H0

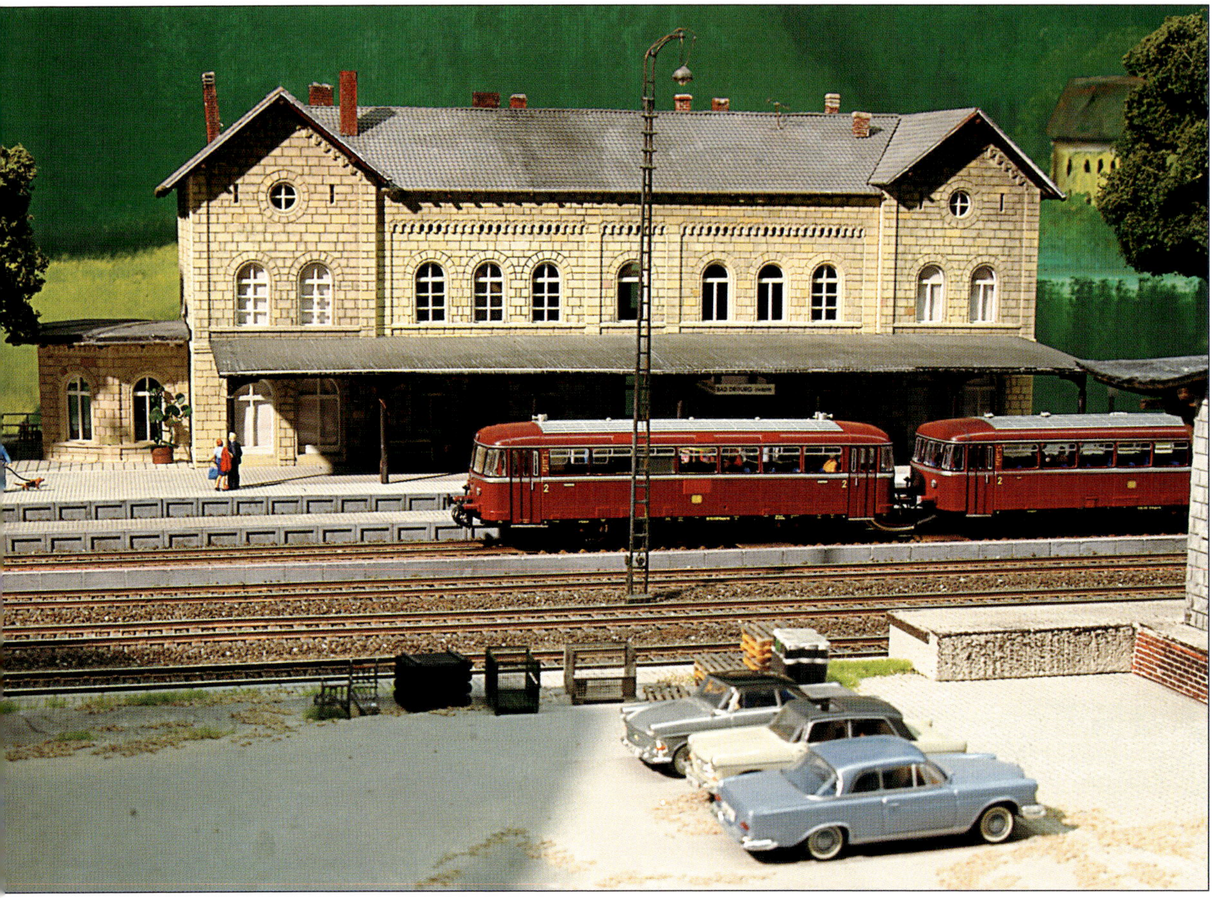

Der schwere, von zwei 44ern gezogene Güterzug aus Ottbergen. Am Bahnhofsgebäude von Bad Driburg hält ein Schienenbus auf dem Weg nach Ottbergen. Der Personenzug nach Altenbeken wird hier von einer 50 gezogen, die in den letzten Tagen des Dampfbetriebes im Weserbergland „Mädchen für alles" war.

Der Bahnknoten Ottbergen ist der Betriebsmittelpunkt einer Großanlage in H0, die im ehemaligen Güterschuppen des Bahnhofs Bad Driburg im Rahmen der Modellbahnschau „MO187" zu besichtigen ist. Auch der kleine Durchgangsbahnhof des Kurorts wurde nachgestaltet; er beherrscht das Bild auf dem zweiten Schenkel der U-förmigen Anlage.

Was hat das Anlagenbauteam unter Leitung Karl Fischers bewogen, ausgerechnet das Weserbergland zum Thema der gelungenen Großanlage zu machen? Eines der wesentlichsten, vielleicht sogar das entscheidende Motiv stellt sicherlich der Einsatz der wuchtigen Dampflokomotiven der Baureihe 44 dar, die noch in den Siebzigerjahren mit schweren Güterzügen in beiden Bahnhöfen anzutreffen waren. In Bad Driburg, wo heute nur noch vergleichsweise unbedeutende Regionalbahnzüge der Nordwestbahn halten, machten zur großen Zeit der 44er-„Jumbos" sogar Eil- und Schnellzüge mit der V 200 Station – ein Grund mehr, auch diesen Bahnhof im Modell nachzubilden.

Bad Driburg: klein und rege

Die Großanlage entstand in U-Form. Auf dem kleineren der beiden Anlagenschenkel, der immerhin 14 m lang ist, fanden die Gleisanlagen des an sich bescheidenen, in den Siebzigerjahren aber äußerst verkehrsreichen Kurort-Bahnhofs Platz. Drei durchgehende Hauptgleise, parallel dazu zwei durchgehende Gütergleise – das war eigentlich schon die ganze, für den Fernverkehr notwendige Herrlichkeit.

Dennoch lohnt sich ein Blick auf die Anlagen des Güterverkehrs: Es gab umfangreiche Rampen- und Ladestraßengleise, einen großen Güterschuppen und verschiedene Industrieanschlüsse, die allesamt für einen regen Rangierdienst sorgten. Während am Güterschuppen überwiegend Stückgut verladen wurde, schlug man an Ladestraße und Rampe vorzugsweise Glas- und Porzellanerzeugnisse sowie Holz und Kohle um.

Gegenüber dem Bahnhof stand eine Porzellanfabrik, die natürlich über einen Gleisanschluss verfügte. Auch die relativ große Fisch- und Deli-

katessenfabrik „Menge & Niederau" besaß ein Anschlussgleis. Dennoch gab es im Driburger Bahnhof keine Rangierlok. Die Rangierarbeiten erledigte vielmehr eine „fremde" Köf II, die jeden Tag vom 15 km entfernten Bahnhof Brakel „anreiste" und nach getanem Dienst dorthin zurückdieselte. War außerhalb ihrer Präsenz in Driburg ein Kühlwagen mit Fisch zuzustellen, musste die Zuglok des betreffenden Güterzugs, nicht selten ein „Jumbo" der Baureihe 44, diesen niederen Dienst übernehmen.

Angesichts einer solchen Vielfalt, zu der natürlich noch Zugüberholungen und wohl auch vereinzelte Sonderzüge kamen, fiel es fast nicht mehr ins Gewicht, dass der Bahnhof im Hinblick auf die Anzahl seiner Gleise und Weichen eher klein ausfiel.

Gebäude: nur im Selbstbau

Wer Bahnhöfe nach realen Vorbildern gestalten möchte, wird das nur bewältigen können, wenn er die Gebäude exakt nach Vorbild baut. Letztlich sind sie es ja, die über die Identität eines Bahnhofs entscheiden. Veränderungen an den Gleisanlagen bemerkt man kaum, der allmähliche Wandel des Fahrzeugparks fällt vielen oft nicht auf – die Gebäude hingegen prägen als „Konstanten" das Bild, das ein Bahnhof im Bewusstsein hinterlässt. So kam das Modellbauteam um Karl Fischer nicht umhin, auf konsequenten Selbstbau zu setzen.

Das Modell des Bad Driburger Empfangsgebäudes – ein spätklassizistischer Sandsteinbau von gediegener Symmetrie – entstand nach

Aus Altenbeken trifft der Durchgangsgüterzug nach Braunschweig ein.

In Bad Driburg wartet bereits ein von einer 44 gezogener Güterzug auf Überholung, an dem der Eilzug unter kräftigem Grollen der 2000-PS-Dieselmotoren vorbei beschleunigt (oben rechts)

Fotos: Stephan Rieche

Neben dem Empfangsgebäude gibt es zwei liebevoll detaillierte Schrebergärten. Da Driburg nicht in der Bundesliga spielt, identifiziert man sich mit anderen Vereinen, so der eine Gärtner mit Borussia Dortmund und der andere mit Schalke 04 – da geht der Gesprächsstoff nie aus!

Originalplänen und Fotos aus den Siebzigerjahren, die als Grundlage zum Nachzeichnen mithilfe eines CAD-Programms genutzt wurden. Die entstandenen Daten gingen an eine CNC-Fräse, die sämtliche Einzelteile aus Polyurethanplatten regelrecht herausarbeitete. Beim Güterschuppen verfuhr das Team im Prinzip auch so, setzte dem Ganzen aber eine Krone auf, indem diesmal nicht Kunststoff, sondern tatsächlich echte Sandsteinplatten exakt „zurechtgefräst" wurden.

Da Bad Driburg, wie ja der Name sagt, Kurort ist, durfte der Kurpark nicht fehlen. Weil er unmittelbar neben den Bahnanlagen liegt, konnten seine Anlagen genutzt werden, um die Gleiswendel für den Schattenbahnhof zu verdecken, der direkt unter dem Bahnhof Bad Driburg liegt. Der Kurort selbst wurde nur durch einige wenige Wohngebäude angedeutet.

Ottbergen: Quelle eines Mythos

Obwohl ursprünglich nur ein scheinbar unbedeutender Abzweigbahnhof der Strecke Altenbeken–Nordheim, wurde Ottbergen zur Quelle eines Mythos, weil sich hier noch bis 1976 Dampfloks der Baureihen 50 und vor allem 44 behaupteten und so tausende Eisenbahnfreunde in ihren Bann zogen. Es gehörte daher zu den erklärten (weil publikumswirksamen) Zielen der Anlagenbauer, mit ihrem Werk den Mythos Ottbergen – zumindest im Modell – wieder Leben einzuhauchen.

Auf der Bad Driburger H0-Anlage nimmt der Knoten Ottbergen samt Bw einen 17 m langen Schenkel ein. Es sind aber nicht nur die Bw-Anlagen, die Ottbergen interessant machen: So liegt das Empfangsgebäude inmitten

Deutlich ist zu sehen, wie knapp die 44er auf die 20,5-m-Scheibe passen!

Noch ein Blick auf Drehscheibe und Lokschuppen, Letzterer ist übrigens im Selbstbau entstanden.

Blick in das Bahnbetriebswerk: Vier 44er sind gerade in Behandlung.

Zwei 44er bringen einen Güterzug von Ellrich über Northeim und Ottbergen in Richtung Westen und begegnen dabei einem Richtung Northeim fahrenden Dg.

Linke Seite: Von Herzberg am Harz kommt dieser Güterzug, der gerade die Nethebrücke im Hintergrund überquert hat und nun in Ottbergen einfährt.

Dampf geht, Diesel kommt – eine bedeutungsvolle Begegnung am westlichen Bahnhofskopf von Ottbergen.

Bild im Plan: Überblick über die Parkanlagen des Kurparks – schließlich ist Bad Driburg ja ein Kurort!

Gleisplan der Schauanlage Bad Driburg im ungefähren Maßstab 1:45.
Auf dem oberen (kleineren) Schenkel ist Bad Driburg angeordnet, auf dem unteren Ottbergen mit dem bekannten Betriebswerk.

der Gleisanlagen; der Reisende ist ringsherum von Eisenbahnatmophäre umgeben. Um diese Situation noch zu unterstreichen, steht inmitten der Anlagen für den Reiseverkehr nicht etwa das nüchterne Empfangsgebäude aus den Siebziger-Jahren, sondern der alte, herrliche Fachwerkbahnhof Ottbergens – eine kleine Inkorrektheit der Erbauer, legitimiert von der Romantik der Dampflokzeit.

Der Knoten Ottbergen lebt auch im Modell von der gewaltigen Ausdehnung seiner Gleisanlagen; Ortsgüteranlagen von einer Größe wie in Bad Driburg gibt es nicht, denn Ottbergen an sich ist nur ein Eisenbahnerdorf.

Das Bw: Heimat der Dampfer

Ottbergen ist – Mythos hin, Mythos her – eigentlich nur eine Dienststel-

le von mittlerer Größe. Die Erbauer sehen aber gerade dies positiv, denn die überschaubare Größe des Bw Ottbergen gab ihnen die Möglichkeit exakter Nachgestaltung.

Kenner der Materie verblüfft es dennoch immer wieder, dass die Drehscheibe eher bescheiden erscheint. Doch auch beim Vorbild gab es nur diese kleine Drehscheibe, deren Einbau 1932 auf eine unglückliche Pla-

nungsfolge zurückgeht. Um das Risiko eines „Überfahrens" der Scheibe auszuschalten, errichtete man zwischen ihr und dem Streckengleis eine massive Betonmauer, die im Modell natürlich nicht vergessen werden durfte: Der Gipsrohling wurde von Hand graviert und eingefärbt.

Der Ringlokschuppen entstand im Selbstbau, weil dem bekannten Kibri-Gebäudebausatz nach Meinung der

Erbauer zu viele Kompromisse anhafteten. Lediglich der zugehörige Wasserturm erschien ihnen akzeptabel. Alle anderen Bw-Einrichtungen wie die Bekohlungsanlage, die Dieseltankstelle, die Besandung und die vielen Nebengebäude sind Produkte aus der eigenen Werkstatt des Modellbauteams. Den Bekohlungs- und den Schlackenkran lieferte Krüger Modellbau.

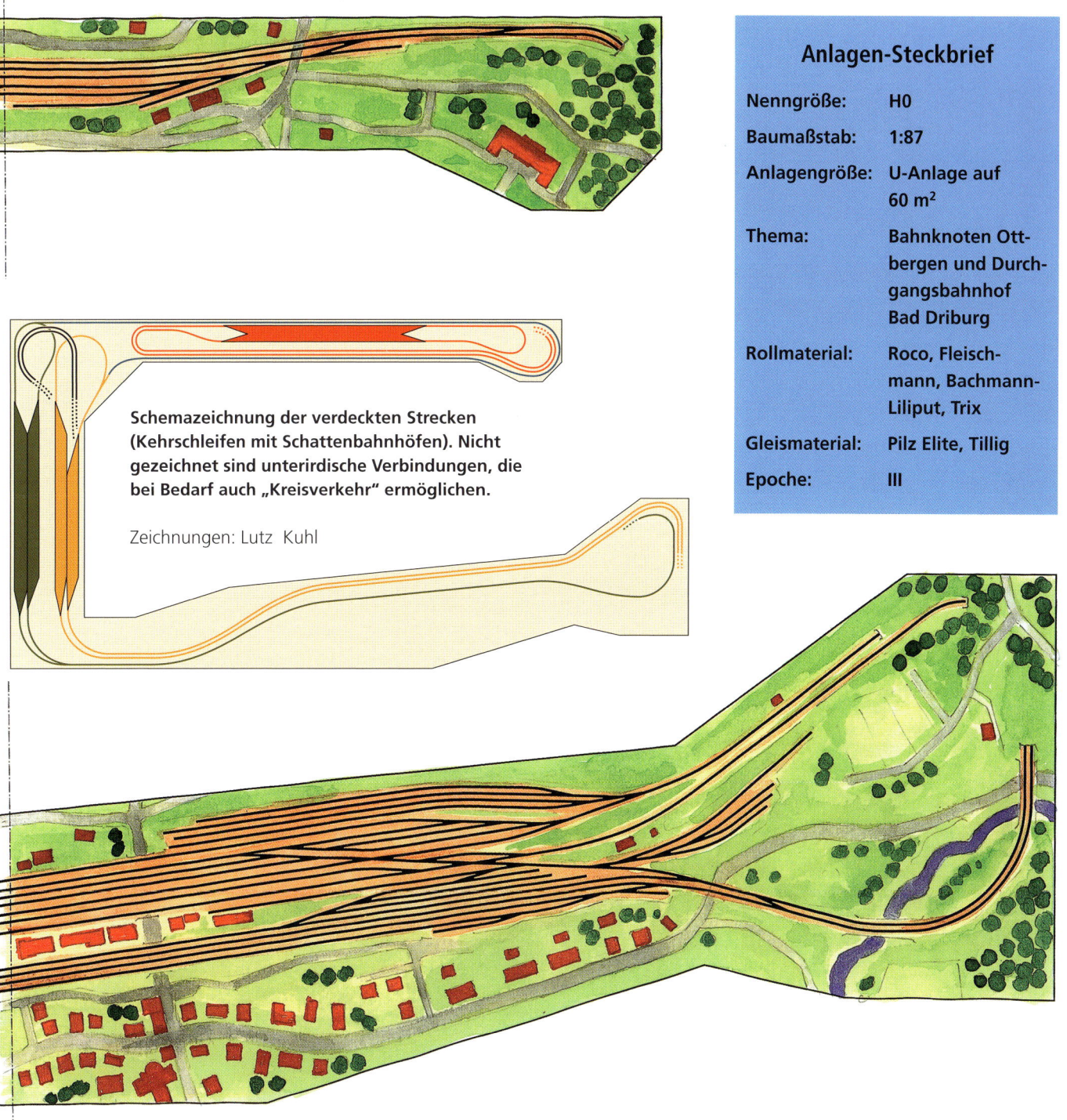

Schemazeichnung der verdeckten Strecken (Kehrschleifen mit Schattenbahnhöfen). Nicht gezeichnet sind unterirdische Verbindungen, die bei Bedarf auch „Kreisverkehr" ermöglichen.

Zeichnungen: Lutz Kuhl

Anlagen-Steckbrief

Nenngröße:	H0
Baumaßstab:	1:87
Anlagengröße:	U-Anlage auf 60 m²
Thema:	Bahnknoten Ottbergen und Durchgangsbahnhof Bad Driburg
Rollmaterial:	Roco, Fleischmann, Bachmann-Liliput, Trix
Gleismaterial:	Pilz Elite, Tillig
Epoche:	III

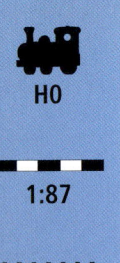

Von Murnau nach Ammergau

Als Empfangsgebäude des Bahnhofs „Murnau" fungiert Kibris Postamt, das stilistisch gut zu den oberbayerischen Kleinstadthäusern passt.

Ellok-Parade im Bahnhof „Murnau", im Hintergrund die im oberbayerischen Stil gehaltenen Kibri-Häuser.

Den Bahnhof „Ammergau" wird man im Streckennetz der Bahn vergeblich suchen – er existiert nur auf der Märklin-H0-Anlage von Rolf Stumpp und ist ein Produkt seiner Fantasie, inspiriert von Motiven der Hauptbahn München–Murnau–Garmisch-Partenkirchen und der technikgeschichtlich bedeutsamen Nebenbahn von Murnau nach Oberammergau. Die einst private Localbahn hatte als erste „Vollbahn" bereits im Jahre 1905 eine Oberleitung zum Betrieb mit Einphasenwechselstrom erhalten und wurde wegen ihrer Elloks der späteren Baureihe E 69 berühmt.

Umbau statt Abriss

Vor der schwierigen Entscheidung, seine 4,20 x 3,50 m große H0-Anlage nach Schweizer Vorbild abzureißen

oder den Versuch ihres Umbaus zu wagen, entschied sich Rolf Stumpp anstelle eines Totalabbruchs für eine gründliche Neugestaltung nach Motiven aus Oberbayern um 1960. Ausgehend vom unveränderten Gleisplan der Schweiz-Anlage entwickelte er das folgende Szenario: Die in Murnau nach rechts ausfahrenden Züge rollen in Richtung Garmisch. Sie durchlaufen den Schattenbahnhof und kommen (je nach Abruf) wieder zurück nach Murnau, um nach links in Richtung München weiterzufahren. Dabei passieren sie die Paradestrecke unterhalb von Murnau, um sich anschließend in einem der Schattenbahnhöfe den Blicken des Betrachters zu entziehen.

Der Gleisplan folgt somit dem klassischen Hundeknochen-Prinzip. Die Stichbahn nach Ammergau durch-

fährt nach Verlassen des Anschlussbahnhofs Murnau eine Wendel, um auf entsprechender „Bergeshöh" zum Endbahnhof zu gelangen. Wesentlich für die Wahl des Themas waren die Fahrzeugeinsätze: Auf der Hauptstrecke fuhren zwischen 1960 und 1970 Züge wie der Karwendelexpress München–Innsbruck, der TEE-Dieseltriebzug VT 11.5 (bei Sondereinsätzen) sowie der berühmte Gläserne Zug. Noch immer gab es Stangen-Elloks wie die E 52, die E 60 und die E 91, daneben die unverwüstliche E-44 und die kraftstrotzende E 94. Neben diesen Fahrzeugen konnte man rein österreichischen Zugkompositionen begegnen.

Und die E 69? Für sie gab es am Rande der Gleisanlagen lediglich einen Denkmalsockel. Der Grund: Auf der Stichbahn nach Ammergau hatte

man (nach dem Szenario von Rolf Stumpp) die alte Fahrleitung bereits demontiert, eine neue aber nicht errichtet.

Szenenwechsel Schweiz-Bayern

Die Beibehaltung der Landschaftskonturen und Gleisanlagen entband nicht von der nötigen Umgestaltung verschiedener Gebäude. Als Empfangsgebäude für Murnau verwendete Rolf Stumpp das Postgebäude „Memmingen" von Kibri. Natürlich baute er es entsprechend um und verlieh ihm bahnhofstypische Attribute. Dazu gehörten ein Hausbahnsteig mit durchgehender Wellblechbedachung, Bänke, Fahrplantafeln, ein Briefkasten, Papierkörbe, ein Handwaschbecken und natürlich die obligatorische Bahnhofsuhr.

Blick von der Bahnhofsausfahrt „Murnau" (mit zwei Triebwagen-Klassikern) zum „Waldhof" genannten großen Bauernhof

Auf dem Weg zur Endstation kommt der Nahgüterzug am Bauernhaus vorbei.

Der Murnauer Inselbahnsteig mit seinem charakteristischen Holztragewerk wurde zwar dem Original nachgebaut, musste allerdings der Bogenlage der bereits existierenden Gleisfigur angepasst werden. Da dieser Bahnsteig nur per Unterführung erreichbar ist, wurde die Bahnsteigplatte entsprechend ausgespart, die Öffnung mit dreiseitigem Schutzgitter versehen und so ein Treppenabgang vorgetäuscht. Um die Tiefenwirkung zu steigern, kommen gerade Reisende die Treppe herauf.

Die Holztragwerke mit ihren Querträgern für das Bahnsteigdach entstanden aus Balsaleistchen, die mit Beize gealtert wurden. Das Dach selbst besteht aus Eternitplatten von Kibri. Auch der Bahnsteig wurde mit zahlreichen Details wie Ruhebänken, Hinweistafeln, Uhren, Lampen, Waschbecken, Schildern, einem Handwagen fürs Gepäck und natürlich mit wartenden Preiser-Figuren komplettiert. Rechts neben dem Bahnhof befindet sich ein Güterschuppen, links eine Laderampe, die durch ein Sägewerk genutzt wird.

Um den Szenenwechsel von der Schweiz- zur Bayernanlage zu komplettieren, mussten „alte" DB-Flügelsignale installiert werden. Die von Viessmann stammenden Modelle überzeugen mit bedächtig hoch- und niedergehenden Signalflügeln. Die Schweizer Oberleitung mit den charakteristischen Quertragewerken wich den Masten und dem Fahrdraht der DB in der Epoche III, wie sie Sommerfeldt anbietet. Die graugrün gestrichenen Fahrdrähte wirken „echt".

Stadt und Land

Murnau mit seiner Hanglage wird durch einige Häuser und eine barocke Kirche angedeutet. Die Häuser im Voralpenstil entstammen der Bad-Tölz-Serie von Kibri. Da Murnau nur 700 m hoch liegt, musste die alpine Anmutung der einstigen Schweiz-Landschaft spürbar reduziert und der intensive Tannenbestand zu großen Teilen durch Büsche und Laubbäumen ersetzt werden. Der oberbayerische Bauernhof am Waldrand neben der Strecke nach Ammergau stammt von Kibri und macht die Metamor-

phose der Anlage noch glaubhafter.

Der Endbahnhof Ammergau lässt sich nur bedingt mit Oberammergau identifizieren, denn auch er basiert ja auf den bereits vorhandenen Gleisanlagen. Als Empfangsgebäude wählte der Anlagenerbauer den Vollmer-Bausatz „Durlesbach".

Was ist von der alten Anlage übrig? Landschaftsformen und Gleisplan wurden unverändert übernommen. Das gilt (zumindest teilweise) auch für die Vegetation, für viele Figuren, das Wild im Wald, den Wanderer oder den Angler am Wildbach. Selbst die Hintergrundkulisse durfte bleiben, gibt sie doch die Landschaft um Oberstdorf wieder. Neu hinzu kam eine Burgruine über dem Garmischer Tunnel. Das exquisite Gipsmodell der

Firma Luft mag ein wenig an die Burg Werdenfels erinnern.

Wenn heute imposante Oldtimer-Elloks aus bayerischen und DRG-Zeiten inmitten einer bewegten Voralpenlandschaft an Rolf Stumpp vorüberziehen, dann bestätigt sich immer wieder, dass es richtig war, die „alte" Schweiz-Anlage statt rüder Demontage behutsam umzugestalten.

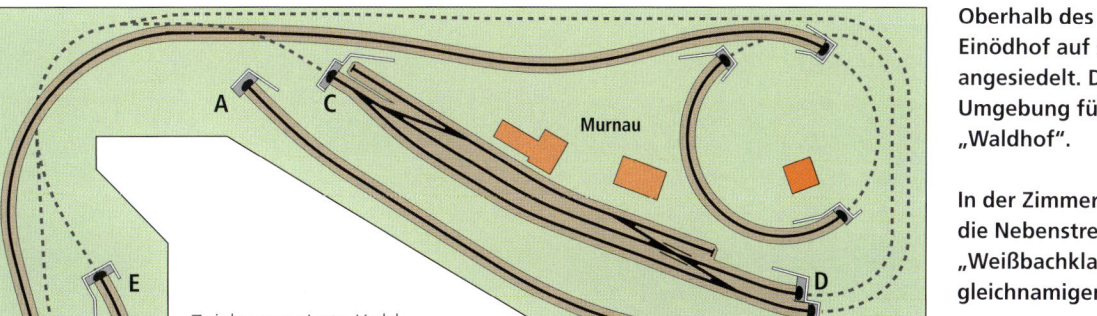

Zeichnung: Lutz Kuhl
nach Vorgaben des Verfassers

Oberhalb des Bahnhofs ist der Einödhof auf steilem Hang angesiedelt. Die baumreiche Umgebung führte zum Namen „Waldhof".

In der Zimmerecke überquert die Nebenstrecke auf der „Weißbachklammbrücke" den gleichnamigen Gebirgsbach.

Fotos: Rolf Stumpp

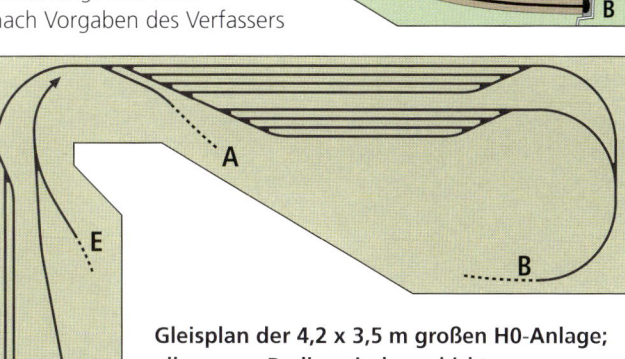

Gleisplan der 4,2 x 3,5 m großen H0-Anlage; allzu enge Radien sind geschickt weggetarnt. Die Hauptstrecke ist zwischen zwei Kehrschleifen (unten mit Schattenbahnhof, oben mit Bahnhof „Murnau") geführt und weist zwei Paradestrecken auf.
Die Nebenbahn ist wohltuend großzügig trassiert.

Anlagen-Steckbrief

Nenngröße:	H0
Baumaßstab:	1:87
Anlagengröße:	4,20 x 3,50 m
Thema:	Eisenbahn im oberbayrischen Voralpenland
Rollmaterial:	Märklin, Roco, Fleischmann, Brawa
Gleismaterial:	Märklin K-Gleis
Epoche:	III

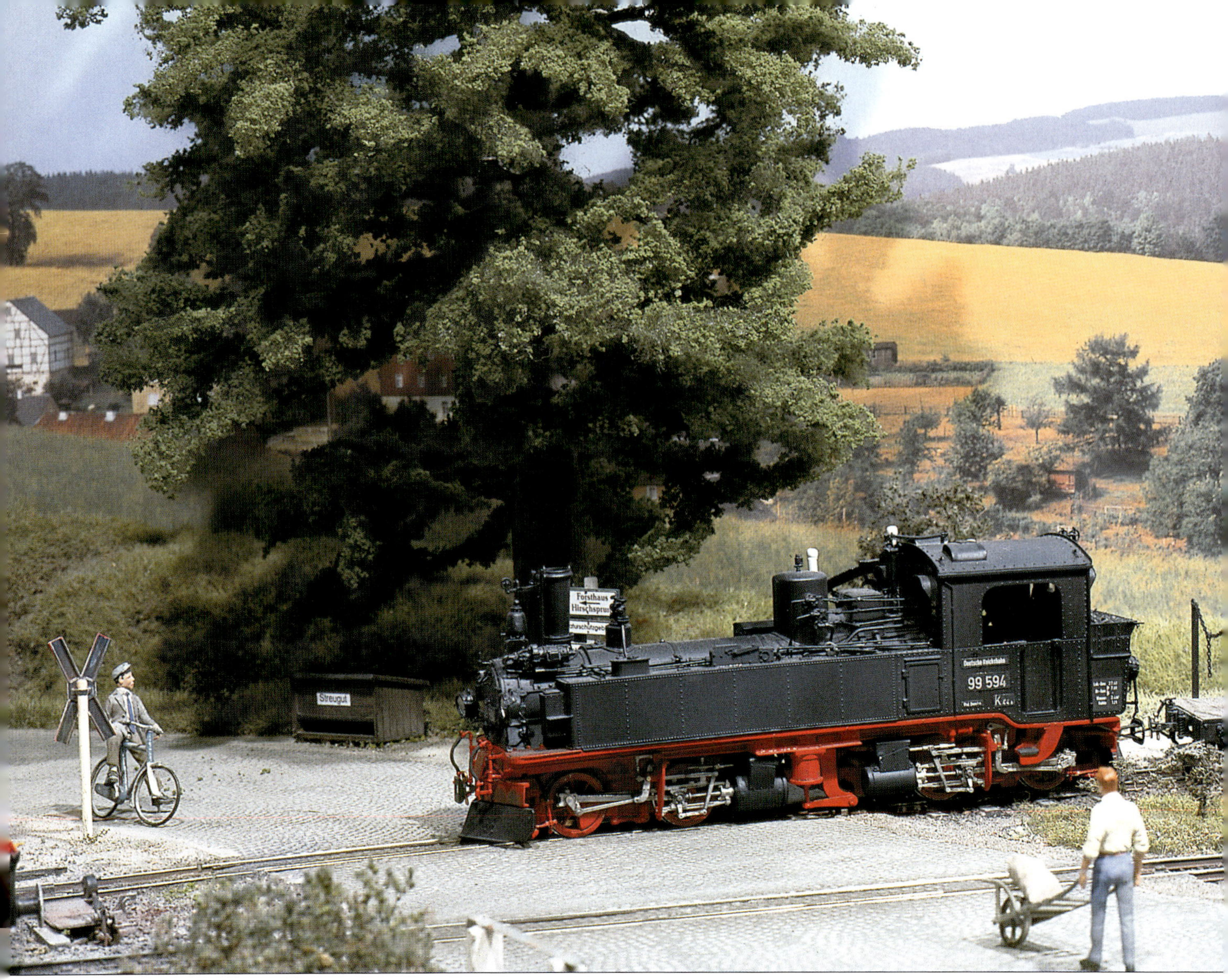
Forsthaus
Hirschspru
Streugut
Deutsche Reichsbahn
99 594

NIEDERNDORF

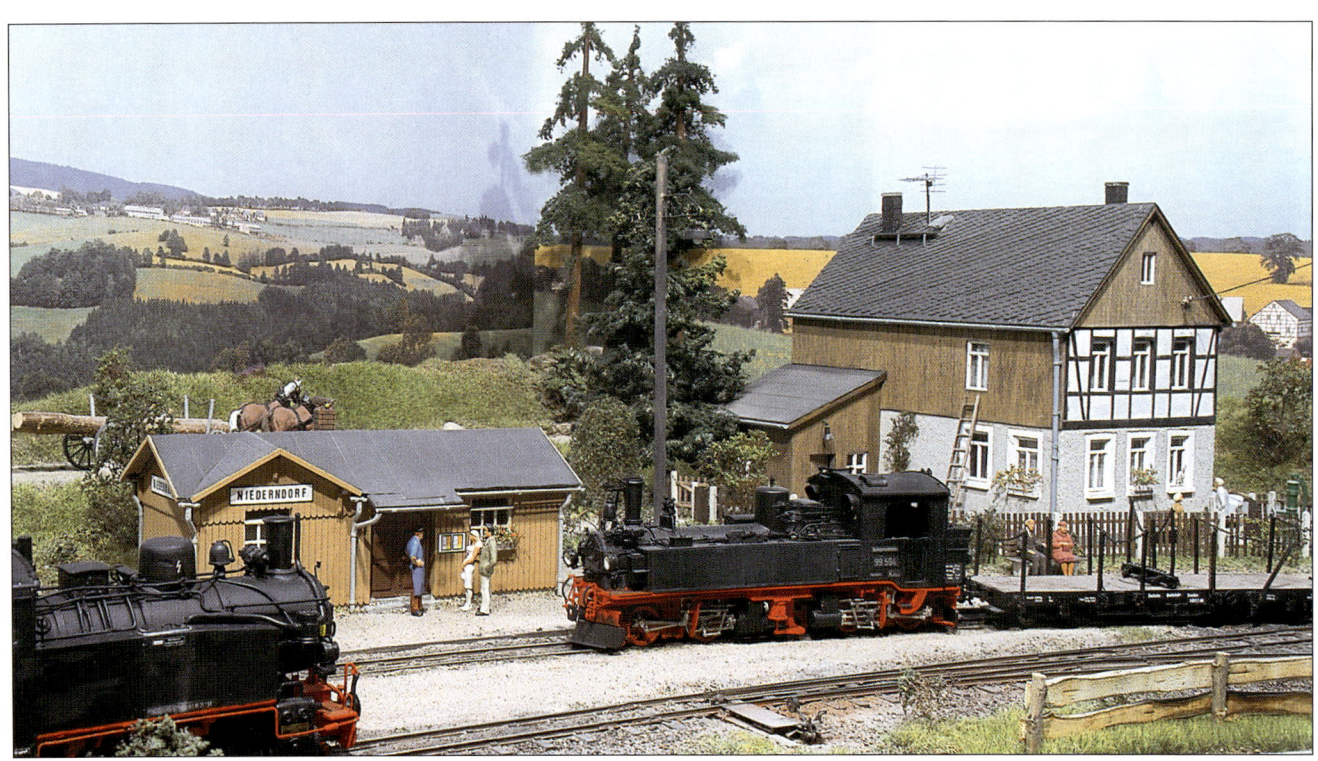

Schmalspurig übereck

Das Thema seiner Anlage siedelte Andreas Irmscher im Erzgebirge an. Die vielen Schmalspurbahnen jener Region übten schon immer einen besonderen Reiz auf den Erbauer aus. Ein bestimmtes Vorbild mit exakt nachgebildetem Gleisverlauf gibt es nicht. Vielmehr sollten typische Details einer 750-mm-Bahn der DR ins Modell übertragen werden. Auch die charakteristischen Gebäude des Erzgebirges mit ihrem Fachwerkgebälk, den holzverkleideten Giebeln und den Schieferdächern waren unverzichtbar.

Der zur Verfügung stehende Platz gestattete den Bau von zwei Anlagenflügeln von 3,50 m bzw. 2,90 m Breite. Da es bei diesen Abmessungen bereits in H0 schwerfällt, einen gescheiten Gleisplan zu entwickeln, gestaltete sich die Wahl der Baugröße 0e erst recht zu einer Herausforderung! Die Anlagentiefen variieren zwischen 61 und 30 cm, sodass eine Kehrschleife oder ein Rundkurs von vornherein nicht realisierbar waren. So blieb es bei einem Betriebsdiorama, auf dem allerdings intensiv gefahren und rangiert werden kann. Braucht man mehr Modellbahn? In diesem Fall ganz sicher nicht!

Der Gleisplan

Den Schwerpunkt bildet der Bahnhof in der Mitte und im linken Anlagenbereich. Er besitzt zwei Durchgangsgleise, einen Lokschuppen mit Bekohlung und Wasserkran davor und eine kurze Laderampe. Rechts schließt sich ein Sägewerk mit Lager an. Auch hier befindet sich eine Ladestraße. Zusätzlich gibts noch eine Umlademöglichkeit auf eine Feldbahn mit der Spurweite 13,8 mm (0f). Die winzige Bahn kreuzt nach Verlassen des Sägewerks die Schmalspurstrecke der Reichsbahn. Natürlich denkt Andreas Irmscher darüber nach, wie

Die IV K passiert den technisch ungesicherten Bahnübergang in gemächlicher Fahrt. Der Radfahrer tut gut daran, erst einmal abzusteigen, bis der Zug vorbei ist.

Zugkreuzung in Oberndorf. Zwei Durchgangsgleise reichen eigentlich völlig aus, um Fahrspaß zu garantieren.

Im kleinen Betriebswerk können die Maschinen ihre Vorräte ergänzen. Einige wenige Details wie etwa das Förderband reichen eigentlich, um die richtige Atmosphäre zu „zaubern".

es am rechten Anlagenrand weitergehen könnte. So kann er sich eine Stahlbrücke nach dem Vorbild des Oberwiesenthaler Viadukts vorstellen. Auch die Feldbahn soll eine Verlängerung erhalten.

Unterbau, Gleise und Steuerung

Der Anlagenunterbau entstand in klassischer Holzbauweise und besteht aus vier Segmenten. Besonders gefällig wirkt die geschwungene vordere Anlagenblende. Der Hintergrund, eine Fototapete von Auhagen, gibt die gewählte Landschaft des Erzgebirges exzellent wieder. Die Gleise stammen aus dem Angebot von Henke und

entsprechen dem Schmalspurgleis der DR. Die wenigen Weichen fertigte Andreas Irmscher selbst an. Auch dabei legte er wieder großen Wert auf eine authentische Modellumsetzung. Die in der Baugröße 0e unverzichtbaren Weichenstellböcke stammen von Weinert. Die Weichen werden mit einem unter der Anlage angebrachten Schubgestänge gestellt. Dieselbe Mechanik sichert die elektrische Versorgung der Herzstücke. Natürlich wurden alle Gleise patiniert und eingeschottert.

Die elektrische Ausrüstung hält sich infolge des überschaubaren Anlagenkonzepts in erfreulichen Grenzen, wurde dafür aber qualitativ hochwer-

tig ausgeführt. Der Walk-around-Regler bietet einen hohen Bedienungskomfort. Verschiedene Gleisabschnitte sind abschaltbar, sodass mehrere Triebfahrzeuge eingesetzt werden können. Eine Digitalisierung schließt Andreas Irmscher angesichts perfekter Soundmodule und Lokgeräusche nicht aus. Bei der manuellen Steuerung solls allerdings bleiben, denn eine Automatik widerspricht dem beschaulichen Schmalspurbetrieb.

Fahrzeuge

Das wohl wertvollste Modell auf der Anlage stellt die sächsische IV K aus dem Hause Henke dar. Als Bausatz ist

Das Modell des kleinen Stationsgebäudes von Oberndorf besteht weitgehend aus Holz. Es entspricht den standardisierten Vorbildern der erzgebirgischen Schmalspur-Region.

In direkter Nachbarschaft zum Bw ist auch eine kleine Ladestraße zu finden. Die Güterwagen stammen vor allem aus dem Magic-Train-Programm von Fleischmann.

Das Wohngebäude in Bahnhofsnähe entstand völlig im Selbstbau ganz im Stil des Erzgebirges. Die Dachschindeln wurden aus Schmirgelpapier ausgeschnitten und einzeln aufgeklebt.

Auf zum Wasserfassen, die Leiter steht schon bereit. Das Modell der VI K entstand im Eigenbau auf Basis eines Fahrwerks der BR 95 von Piko.

dieses Modell durchaus erschwinglich. Auf der Basis des Fahrwerks einer ausgedienten BR 95 von Piko (wie man sie über Ebay preiswert bekommen kann) baute Andreas Irmscher die VI K. Ihr Gehäuse besteht überwiegend aus Polystyrolplatten. Fertige Messinggussteile komplettieren den Eigenbau. Das wertvolle Stück macht eine gute Figur und liegt kostenmäßig deutlich unter den heute üblichen Preisen für H0-Dampfloks.

Einige der überwiegend selbstgebauten Wagen entstanden auf der Basis von Fahrwerksteilen der Baugröße H0. Natürlich lag es auf der Hand, auch geeignete Wagen aus dem Magic-Train-Programm von Fleisch-

Mit viel Liebe zum Detail gestaltete Andreas Irmscher die Szenerien auf der Anlage. Seine Vorliebe gilt dem normalen Alltagsleben, das so realistisch wie möglich dargestellt wird.

Im Bereich der Ladestraße sind umfangreiche Bauarbeiten im Gange – offensichtlich wird hier aber gerade nicht gearbeitet. Das Modell der Diesellok stammt von Fleischmann.

mann einzusetzen. Versieht man die Güterwagen dieses Programms mit vorbildgerechten Details, passen sie durchaus zu anspruchsvollem Fahrzeug- und Anlagenbau.

Die Beschaffung des Fahrzeugmaterials für die Feldbahn bereitete Schwierigkeiten, denn hierzulande ist

Derartiges kaum zu finden. Die Vorbild-Spurweite von 600 mm beläuft sich in 0e auf 13,8 mm. Nach einigem Suchen wurde Andreas Irmscher bei britischen Modellbahnkollegen fündig und konnte den benötigten Fuhrpark aus preiswerten Kleinserienprodukten zusammenstellen.

Anlagengestaltung

Die Geländeoberfläche der Anlage entstand in herkömmlicher Methodik aus Kunststofffasern und entsprechenden Flocken. Sie wurden Schicht für Schicht mit wasserverdünntem Leim fixiert. Einige der Laubbäume

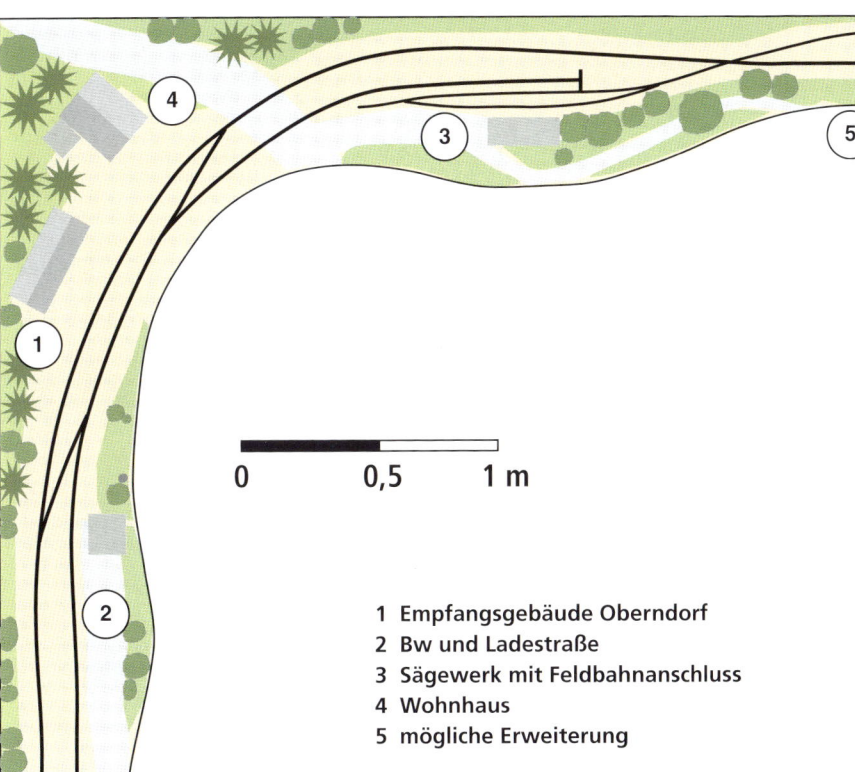

Der kleine Bahnhof Oberndorf nimmt den ganzen linken Anlagenschenkel ein. Dank der passenden Hintergrundkulisse mit dem Panorama von Wolkenstein fühlt man sich direkt in das Erzgebirge versetzt. *Alle Fotos: Rolf Knipper*

0   0,5   1 m

1 Empfangsgebäude Oberndorf
2 Bw und Ladestraße
3 Sägewerk mit Feldbahnanschluss
4 Wohnhaus
5 mögliche Erweiterung

Anlagen-Steckbrief

Nenngröße:	16,5 mm
Baumaßstab:	1:43,5
Anlagengröße:	3,50 x 2,90 m
Thema:	Endbahnhof einer 750-mm-Schmalspurbahn der DR im sächsischen Erzgebirge
Rollmaterial:	Henke, Selbstbau
Gleismaterial:	Henke, Selbstbau
Epoche:	III

stammen aus der Artline-Produktlinie von Heki. Infrage kamen natürlich nur Exemplare mit bis zu 35 cm Höhe. Andere Bäume entstanden auf der Basis von verdrilltem Draht, der perfekt ausgeformt, farblich nachbehandelt und per Sprühkleber mit Blattwerk begrünt wurde. Die Figuren

stammen von Preiser und 0-men. Die Autos nach DDR-Vorbildern lieferte adp-modelle. Bei einem Lastwagen handelt es sich schlicht und einfach um ein Souvenir der Wernesgrüner Brauerei.

Für die Anfertigung der Gebäude nach Vorbildern aus dem Erzgebirge

verwendete Andreas Irmscher Sperrholz, Pappe und verschiedene Kunststoffteile. Die für das Wohnhausdach benötigten Schindeln wurden einzeln aus Schleifpapier ausgeschnitten und Teil für Teil aufgeklebt. Auch diesbezüglich gilt: Die Baugröße 0e ist eine echte Herausforderung!

Bereits als Kind begeisterte sich Jürgen Schillo für die Eisenbahn, seinerzeit für die DB der Epoche III mit ihrer Vielfalt an Lokomotiven und Wagen, die von der Länderbahnzeit bis zu modernen Neubaufahrzeugen reichte. Ebenfalls schon damals waren es die alten Elektroloks mit Stangenantrieb, die ihn faszinierten. Jahrzehnte später keimte dann der Wunsch, die Kindheitseindrücke von einst im Modell neu zu beleben.

Natürlich existierten inzwischen gestiegene Ansprüche, die eine Spielbahn mit Oval und dahinrasenden Zügen ausschlossen. So entstand die Idee, ein typisches Ellok-Bw als Be- triebsdiorama in Szene zu setzen. Es sollte als Übungsstück dienen und – gutes Gelingen vorausgesetzt – die Möglichkeit der Einbeziehung in ein zukünftiges Anlagenprojekt bieten.

Vorbildgerecht ohne Vorbild

Obwohl er größtmögliche Vorbildtreue anstrebte, legte sich Jürgen Schillo auf kein bestimmtes Bw fest, denn konkrete Bau- und Betriebsunterlagen entzogen sich seiner Kenntnis. Wesentliche Informationen erhielt er von versierten Berufseisenbahnern, die in entsprechenden Bahnbetriebswerken gearbeitet hatten und sich fachlich bestens auskannten. Fotos aus verschiedensten Publikationen lieferten wichtige Ergänzungen.

Ausgerüstet mit diesem Wissen stellte Jürgen Schillo auf verschiedenen Modellbahnausstellungen fest, dass manch einem Anlagenbetreiber höchstens eine an das Vorbild angelehnte Nachahmung eines Ellok-Depots „geglückt" war. Besonders mangelhaft empfand er die viel zu flache Anordnung der Gleisanlagen, Gebäude und Einrichtungen der Betriebswerke. Für ihn kam nur ein Bw mit Gleisanlagen auf verschiedenen Niveauebenen, mithin in interessanter Hanglage infrage. Gleisführungen

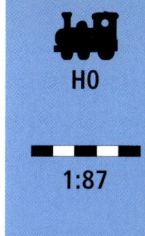
Ellok-Bw als Einstieg

Oben: Blick über die Schiebebühne, hinter der das Zufahrtsgleis zum Bw liegt.
Links: Eine umfangreiche Besandungsanlage gehört zum Ellok-Bw.

parallel zur Anlagenvorderkante oder gar eine rechtwinklig zu ihr angeordnete Schiebebühne schieden aus der Planung von vornherein aus.

Gleisanlagen

Rechts von der Schiebebühne waren zwei versetzt angeordnete Rechteckschuppen geplant, während die Gleise zur linken Seite hin nach kurzen Zwischengeraden in leichten Bögen auf einen weiteren, großen Schuppen zulaufen sollten. So erschien dann auch die angenommene Hanglage plausibel. Dieser Eindruck sollte durch die tiefer liegende Fahrleitungsmeisterei

und die Zufahrtsstraße unterhalb des Betriebswerks verstärkt werden. Zwangsläufig musste nun auch das Zufahrtsgleis vom Niveau der Schiebebühne heruntergeführt werden.

Bedingt durch die inzwischen stattliche Lokomotivsammlung entstand das Ellok-Bw auf der Basis des Märklin-Mittelleitergleises. Während auf dem Bw-Gelände das C-Gleis verlegt wurde, soll beim späteren Anlagenbau mit seinen weiten, eleganten Gleisradien das K-Gleis verwendet werden.

Um nun das 33 mm tiefer liegende Niveau der Fahrleitungsmeisterei zu erreichen, war eine Ausrundung

der Gleise von der Ebene in die Gefällstrecke erforderlich, ein zunächst kompliziert anmutendes Problem, das sich allerdings durch Einsatz kurzer C-Gleisstücke und durch vorsichtiges Biegen lösen ließ. Wichtigster Arbeitsgang vor und nach dem Verlegen der C-Gleise im Bw war die farbliche Behandlung des Schotterbetts, die mit Pinsel und Airbrush erfolgte.

Lokschuppen

Mit dem Bau der Rechteckschuppen 5752 aus dem Vollmer-Programm gelang es, dem entstehenden Bw von Anfang an eine historische Note zu

verleihen. So sollte die leichte Verschmutzung daran erinnern, dass hier einst auch Dampfloks gastiert hatten. Das kleine Gebäudeensemble der Fahrleitungsmeisterei entstand mithilfe des Pola-Bausatzes 679. Durch das Tor der Halle passt ein Turmtriebwagen.

Ausstattung

Das Ellok-Bw sollte alle für die Behandlung von Elloks erforderlichen Anlagen besitzen. Der Besandung dienen die Faller-Modelle 138 und 146. Die Brücke zwischen den zwei Türmen wurde verlängert, um drei Gleise bedienen zu können. Der Laufsteg erhielt eine Verstärkung durch untergeklebte Winkelprofile aus Messing. Weil „Sand" im Maßstab 1:87 im Grunde nur noch Staub ist, wurde derselbe mittels Pulverfarbe von Artitec imitiert. Weil das Ellok-Bw auch einzelnen Diesellokomotiven als Domizil dienen sollte, wurde eine Dieseltankstelle mit Kraftstofftanks errichtet.

Details

Natürlich kommt man auch bei einem Ellok-Bw nicht ganz ohne Begrünung aus. Jürgen Schillo verwendete Decovlies von Heki, darunter die Sorten „Wildgras", „Wiesengras" und „Waldboden". Die „Halme" kleiner, ausgeschnittener Stücke wurden behutsam in die Senkrechte gezupft und – bunt vermischt – mit Tesa-Alleskleber auf die Fläche geklebt. An verschiedenen Stellen sowie beim Buschwerk kam auch Silflor-Material zum Einsatz. So entstand allmählich ein realistischer Eindruck – und die optimistische Grundstimmung, sich auf dem richtigen Weg zu einer vorbildgerechten Modellbahn zu befinden.

Anlagen-Steckbrief	
Nenngröße:	H0
Baumaßstab:	1:87
Anlagengröße:	2,30 x 0,90 m
Thema:	Bahnbetriebswerk mit Schiebebühne für Altbau-Elloks
Rollmaterial:	Märklin
Gleismaterial:	Märklin (K- und C-Gleis)
Epoche:	III

Im Vordergrund sind die beiden zur Fahrleitungmeisterei führenden Gleise zu sehen. Die V 140 im Hintergrund gibt ein kurzes Gastspiel.

Rechts vor den Lokschuppen ist die Besandungsanlage angeordnet. Die Fahrleitungsmeisterei ist links im Hintergrund zu sehen. Kleine Szenerien wie der die Pferde ankläffende Hund sind überall zu finden.

Fotos und Zeichnung: Gerhard Peter

Übersichtsplan in 1:13,3 des Bws mit Lage der Lokschuppen und der wichtigsten Bw-Einrichtungen. Das Bw wird in die im Bau befindliche Anlage integriert.

Sandbunker für Besandungsanlage
Dieseltanks
Kneipe „Zum Hanullist"
077
094
094
077
094
094
24330
24951
24430
24951
24172
24172
24430
064
064
24951
24530
064
064
24951
24711
064
24951
24951
24172
24951
24172
24951
24172
24951
24172
24951
24912
24912
077
Zufahrtsgleis
Fahrleitungsmeisterei
24229
064
071
064
071
24188
24912
Dioramengröße: 230 x 90 cm
Freie Fläche für spätere Bebauung nach dem Einfügen des Bws in die große Anlage.

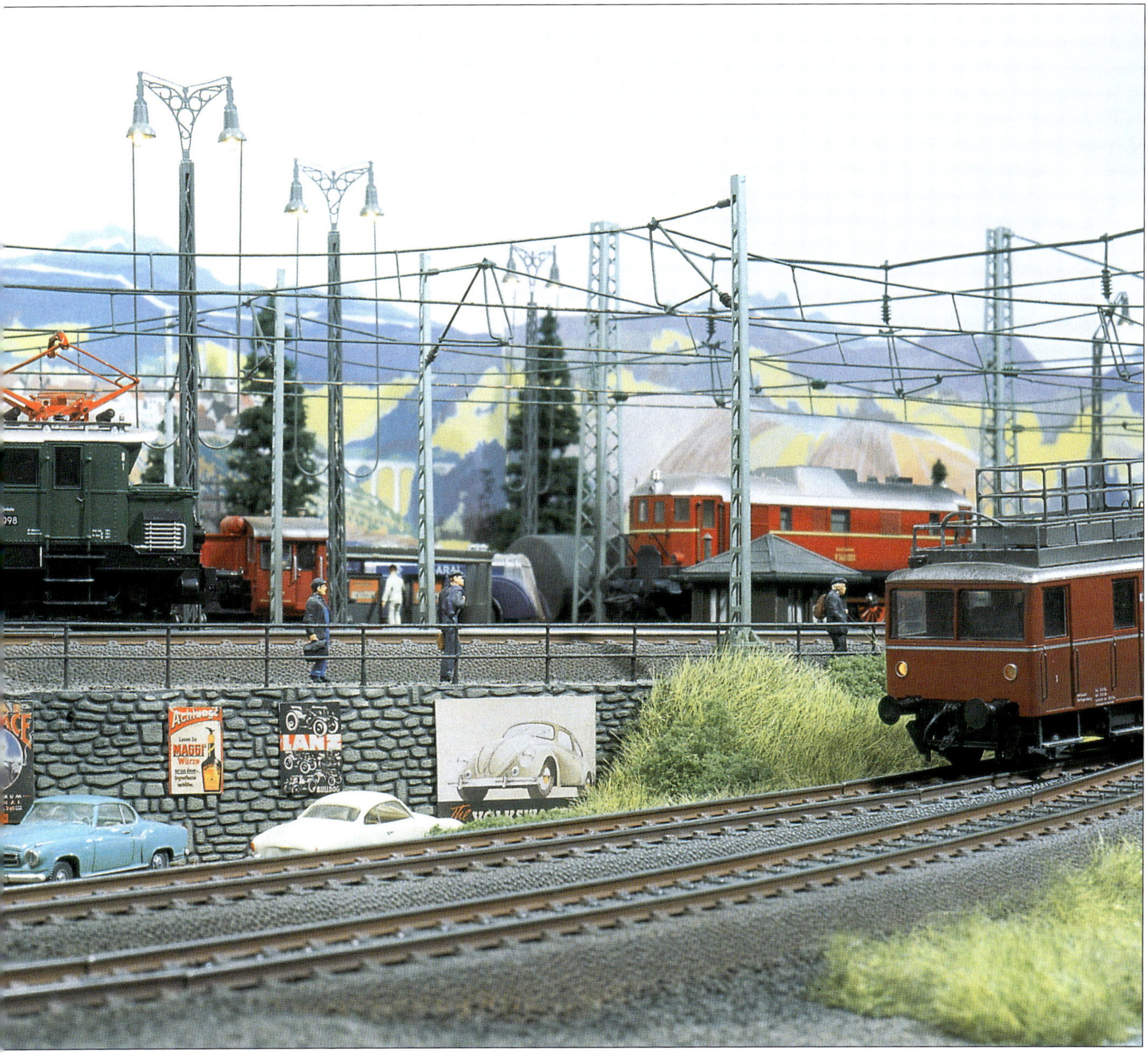

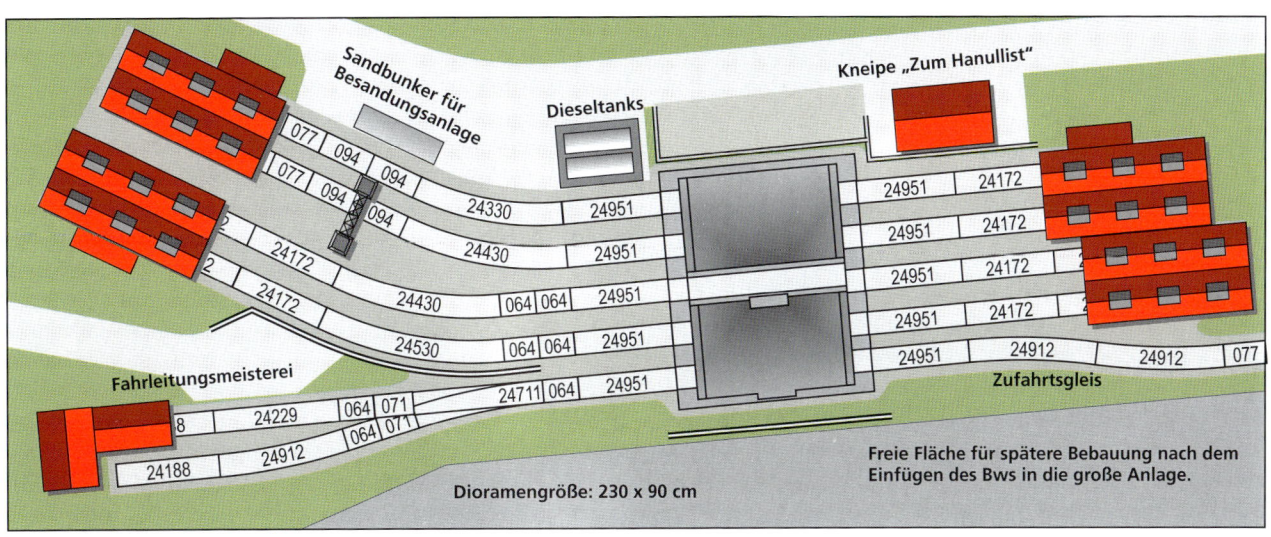

Dampf im Three-Chop-Gebirge

Man stelle sich eine Waldbahn in den USA Ende der Fünfzigerjahre des 20. Jahrhunderts vor: Noch herrscht Dampfbetrieb, die Landschaft ist wild und rau, die Bahntrassen muten verwegen und abenteuerlich an. Das alles wollte die britische Modellbahnergruppe um Murray Reid und Andrew Burnham auf einer eigenen Clubanlage zeigen und beschloss, diese faszinierende Welt im Maßstab 1:43,5 in Szene zu setzen.

Gewissermaßen zum Einstieg lassen die Briten zunächst den ehemaligen Manager des Bahnbetriebs der „Three Chop Lumber Company", Ray Dierrum, seine Geschichte erzählen, um so den historischen Hintergrund exakt zu belegen: „Im Frühling 1894 kam ich mit vierzehn Jahren zum ersten Mal ins Three-Chop-Gebirge und arbeitete als Heizer auf der großen Climax Nr. 4. Unsere Fahrten führten uns von der One-Cut-Mühle zum Camp Nr. 4. Zwei- oder dreimal am Tag machten wir diese Tour, um Stammholz aus den Einschlaggebieten entlang des Gebirgskamms zu verladen. Es waren die fünf schwierigsten Meilen Eisenbahnstrecke der Welt, denn hier gab es eine Steigung von über 8 %, halsbrecherische Holzbrücken und engste Gleisradien.

Wir zogen bis zu sechs unbeladene Wagen hinauf und brachten sie vollgeladen wieder hinab. Oben auf dem Gebirgskamm stand eine große ‚Williamette'-Maschinerie, mit der die Baumstämme verladen wurden, darunter Tannen, Hemlocktannen und Zuckerkiefern, einige Zedern sowie Fichten. Die Holzgeschäfte in den Three Chop Mountains liefen so gut, dass sich um die One-Cut-Mühle eine kleine Stadt gruppierte. Wir nannten sie Shielbee. Dort baute die Firma ein solides, geräumiges Wohnhaus sowie einen Kolonialwarenladen.

Nachdem sich der Holzeinschlag um Noyo seinem Ende zuneigte, zog das Unternehmen um. Der Hauptbetrieb verlagerte sich in das neue Abbaugebiet. Shielbee wurde zum Trennungsbahnhof. In der Stadt zog Ruhe

Ein Bauzug legt im Bahnhof von Shielbee eine längere Rast ein. Offensichtlich gibt es hier einiges zu tun.
Linke Seite: Drunter und drüber geht es im Verlauf der Trasse der „Three Chop Lumber Company". Hier kreuzen sich gerade die Wege einer Heisler- und einer Climax-Lok. Die Trasse schlängelt sich im Flusstal immer am Hang entlang. Die markanten hölzernen Trestle-Brücken bestimmen das Bild auf dem landschaftlich gestalteten Teil der Anlage.

ein, obwohl in der One-Cut-Mühle immer noch zwei bis drei Züge pro Tag eintrafen. Daneben gab es auch weiterhin ein reges Rangiergeschäft. Obwohl ich nun ein wenig älter und mittlerweile pensioniert bin, bleibe ich in Shielbee, denn ich mag diese Stadt und möchte sonst nirgendwo leben.

Vom Balkon meines Hauses aus beobachte ich den noch immer regen Zugverkehr. Viele Waldbahnen haben inzwischen ihren Betrieb eingestellt. Entweder waren die einschlagbaren Holzvorräte erschöpft oder Lastwagen haben die Abfuhr übernommen. Die Three Chop Mountains sind die einzige Region, wo es immer noch dampft, und solange ich lebe, wird es wohl so bleiben. Wer weiß schon, was danach kommt? Genießen Sie mit mir die alte Bahn und die herrliche Landschaft drum herum!"

Alle Personen und Ortsnamen sind natürlich frei erfunden, was die britischen Modellbahner aber nicht davon abhielt, diesbezüglich größte Vorbildtreue (!) zu wahren.

Der Aufbau der Anlage

Die Anlage befindet sich in einem achteckigen Schrankaufbau mit einer zusätzlichen seitlichen Stellfläche für die Sägemühle. Der Durchmesser beträgt rund 4 Meter. Die Steuerung ist in einem mobilen Stellpult außerhalb des eigentlichen Anlagenaufbaus untergebracht. Die Höhe vom Boden bis zur Betrachterebene beträgt ca. 90 cm. Die Konstruktion wurde in acht Segmente aufgeteilt. Jedes davon hat die Form eines Trapezes, woraus sich dann die achteckige Grundform ergab.

Jedes Segment ist als eine Art Schrank mit einer fest montierten Kulisse ausgeführt. Darüber befindet sich die Lichtinstallation in Gestalt von Leuchtstoffröhren mit Diffusrastern. Oberhalb der Anlage deckt eine Blende diese Konstruktion optisch ab und vermittelt den Eindruck einer Vitrine oder auch Bühne.

Die Anlage erlaubt eine Rundumsicht von 360°. Etwa die Hälfte der vom Betrachter einsehbaren Szene-

rie wird von der Sägemühle, ihren Betriebsanlagen nebst Lagerplätzen und der kleinen Stadt beherrscht. Der verbleibende Teil zeigt sich als typische Gebirgslandschaft der Sierra Nevada mit hohen Felsen und einem tiefen Canon, der von kühn angelegten Eisenbahntrassen mit hoch aufragenden, typischen Trestle-Brücken (aus Holz) überspannt wird. In der Mitte des Anlage befindet sich eine Art Zylinder, der den Schattenbahnhof in Gestalt einer Gleiswendel aufnimmt. Das Ganze wird von einem achteckigen Baldachin überdacht.

Der Anlagenbau gelangt zu optimaler Wirkung, indem das Publikum animiert wird, um die Modellbahn herumzugehen. Um alles zu sehen, was gezeigt wird, muss der Besucher die Strecke „erwandern" – eine außergewöhnlich attraktive, seltene Präsentationsform!

Die Anlagensteuerung

Die Anlage wird „von außerhalb" bedient, und zwar so, dass niemand

![Sägewerk One Cut Mill & Lumber Diorama]

Im Mittelpunkt des Betriebs im sonst ruhigen Örtchen Shielbee steht das Sägewerk „One Cut Mill".
Linke Seite: Die Trassierung der abenteuerlich anmutenden Strecke wird vor allem von den so genannten Trestle-Brücken geprägt. Auf diese Weise lassen sich topografische Schwierigkeiten mit dem örtlichen Baustoff Holz „auf die Schnelle" bewältigen.

Man nutzte die Nähe zum Wasser, um auch auf diese Weise Rohholz transportieren zu können.
Mit der Dampfmaschine werden die ganz „dicken" Stämme umgeladen. Die Konstruktion wirkt zwar abenteuerlich, aber auf der anderen Seite sehr praktisch.

den Besuchern „vor der Nase herumtanzt". Deshalb wurde ein freistehendes Steuerpult über einen Kabelbaum mit der Anlage verbunden. Das Steuerpult nimmt die Weichenbedienung, die Fahrregler und die Regelung der Geräuschtechnik auf. Das Geräuschsystem basiert auf Lautsprechern in den Dampf- und Dieselloks sowie Basslautsprechern im Inneren der Anlage. Dadurch können die hohen Frequenzen den einzelnen Fahrzeugen akustisch zugeordnet werden, während die sich „kugelförmig" ausdehnenden Bässe einen kräftigen Sound erzeugen. Die Bedienung der Anlage erfordert vier Personen. Zwei steuern mit Walk-around-Handreglern das Geschehen auf der Hauptstrecke, ein dritter Mitstreiter regelt den Betrieb im Sägewerk und ein vierter übernimmt als „Operator" den Schattenbahnhof.

Noch keuchen die alten Loks durch die Stadt, hier die auf den Namen „Maxim" getaufte Heisler. Aber der Vormarsch der Autos ist bereits nicht mehr aufzuhalten.

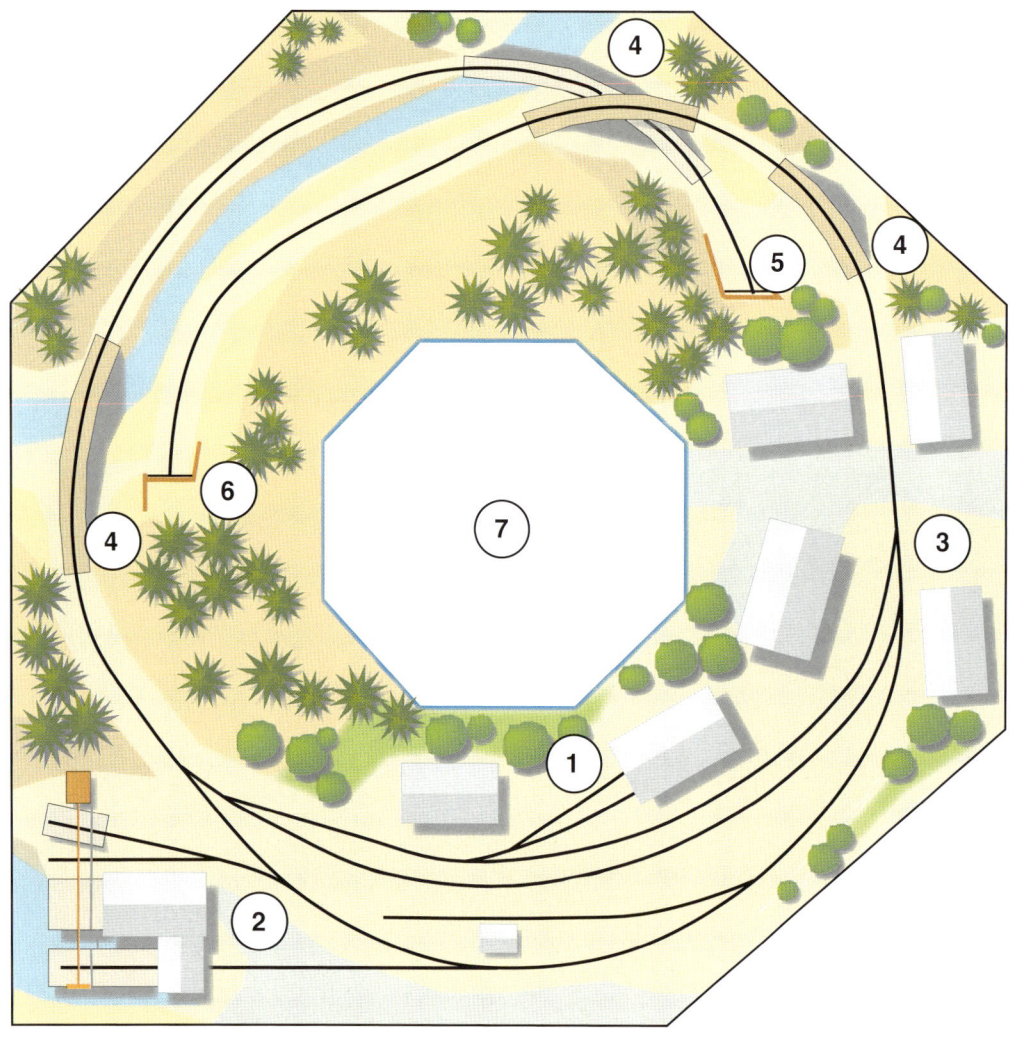

Der Gleisplan der Anlage

1 Bahnhof Shielbee
2 Sägewerk One Cut Mill
3 Ortschaft Shielbee
4 Trestle-Brücken
5 Strecke zur unteren Ebene des Schattenbahnhofs
6 Strecke zur oberen Ebene des Schattenbahnhofs
7 Innenliegender Schattenbahnhof mit Arbeitsraum

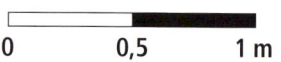

0   0,5   1 m

Fahrzeuge und Betrieb

Die Anlage hat kein bestimmtes Vorbild. Stattdessen wurde versucht, die typische Atmosphäre einer schmalspurigen Waldbahn in den Fünfzigerjahren kurz vor Ende des Dampfbetriebs darzustellen. Bei der Fahrzeugauswahl hielt man sich an die verschiedenen Vorbilder: Da die Geschäfte der „Three Chop Lumber Company" noch florieren, konnten viele Fahrzeuge preiswert von bereits eingestellten Bahnen übernommen werden. Es gelang, von der „Westside", der „Caspar and South Fork", der „Michigan-California" und anderen Bahngesellschaften verschiedene „Fahrzeug-Schnäppchen" zu erwerben. Damit entstand ein bunter, abwechslungsreicher Fahrzeugpark, der alle typischen Baureihen amerikanischer Waldbahnloks vereinigt. So sind Shays mit zwei und drei Drehgestellen in Shielbee zu sehen, ebenso Heisler- und Climax-Loks. Vor kurzem hat die Three Chop sogar ein paar echte Raritäten aus Neuseeland gekauft! Alle Modellfahrzeuge haben authentische Vorbilder. Natürlich wurden sie mit den Betriebsnummern und Namen der „Three Chop Lumber Company" ausgestattet – typisch für eine private Privatbahn!

Fotos und Zeichnung:
Rolf Knipper

Am Gerätewagen trifft man sich zum Nachrichtenaustausch, denn hier oben im abgelegenen Waldgebiet ist man ziemlich von der Außenwelt abgeschnitten.

Es gibt nichts, was es nicht gibt: Das Vorbild für diese ausgefallene Draisine hat es tatsächlich gegeben – allerdings in Neuseeland!

Offensichtlich eher rustikal sind die Übernachtungsmöglichkeiten im kleinen Ort Shielbee. Aber wenigstens liegt man im Stroh trocken und warm ...

Anlagen-Steckbrief

Nenngröße:	0
Baumaßstab:	1:43,5
Anlagengröße:	Rundum-Anlage mit ca. 4 m Durchmesser
Thema:	Waldbahn zum Holztransport in den USA
Rollmaterial:	Bachmann, Eigenbauten
Gleismaterial:	Peco, Eigenbauten
Epoche:	III

Ein Stück Heimat

Seine Begeisterung für die große wie die kleine Eisenbahn wurde in Manfred Wille bereits in früher Kindheit geweckt. Da ihn sein täglicher Schulweg über einen Bahnübergang nahe des Lingener Eisenbahn-Ausbesserungswerks für Dampfloks führte, fesselte ihn die Eisenbahn schließlich so sehr, dass er die Zeit vergaß. Häufig musste ihn seine Mutter abholen, die natürlich genau wusste, wo sie ihn finden konnte. Aus der Kindheitserinnerung wurde eine nachhaltige Passion – das Hobby Modellbahn.

Lingen im Modell

Zur 1000-Jahr-Feier der Stadt Lingen im Jahre 1975 fertigte Manfred Willen für eine Ausstellung das Bahnhofsgebäude der Stadt im Maßstab 1:87 an. Dieses Modell wurde zum Grundstein seiner heutigen HO-Anlage. 1977 standen die erforderlichen Räumlichkeiten zur Verfügung – ein Kellerraum in der Größe von 8,70 x 4 m. Von nun an konnte großzügig geplant werden.

Zunächst ging es darum, die Originalpläne maßstäblich umzurechnen. Die erhebliche Längenausdehnung des Bahnhofsgeländes musste für das Modell zwangsläufig gekürzt werden, natürlich ohne den Gesamteindruck zu beeinträchtigen. Der Bahnhofsbereich erstreckt sich trotz dieser Reduzierung noch immer auf einer Länge von 7,50 m. Um den Bahnhof auch auf Modellbahnausstellungen der Eisenbahnfreunde Lingen e.V. zeigen zu können, fiel die Entscheidung zur Segmentbauweise.

Die Anlage ist in der bekannten Hundeknochenform aufgebaut, d.h., an beiden Enden befinden sich jeweils Kehrschleifen mit Überholgleisen. Auf der Paradestrecke können die Züge abwechslungsreich eingesetzt und ausgefahren werden. An einem Ende befindet sich eine Gleiswendel, von der ein Abzweig zum Bahnhofsbereich führt. So können die Züge nur auf der zweigleisigen Paradestrecke verkehren, ohne durch den Bahnhof fahren zu müssen. Die Gesamtfahrstrecke beträgt über 80 m.

Ein D-Zug macht auf seiner Fahrt nach Norden in Lingen halt. Das Empfangsgebäude entstand als erstes Projekt im kompletten Selbstbau.

Der Viehmarkt verfügt über ein zweiseitig angeschlossenes Ladegleis. Zur Orientierung: Er befand sich zwischen dem EG und dem im Modell nur angedeuteten Wagenausbesserungswerk.

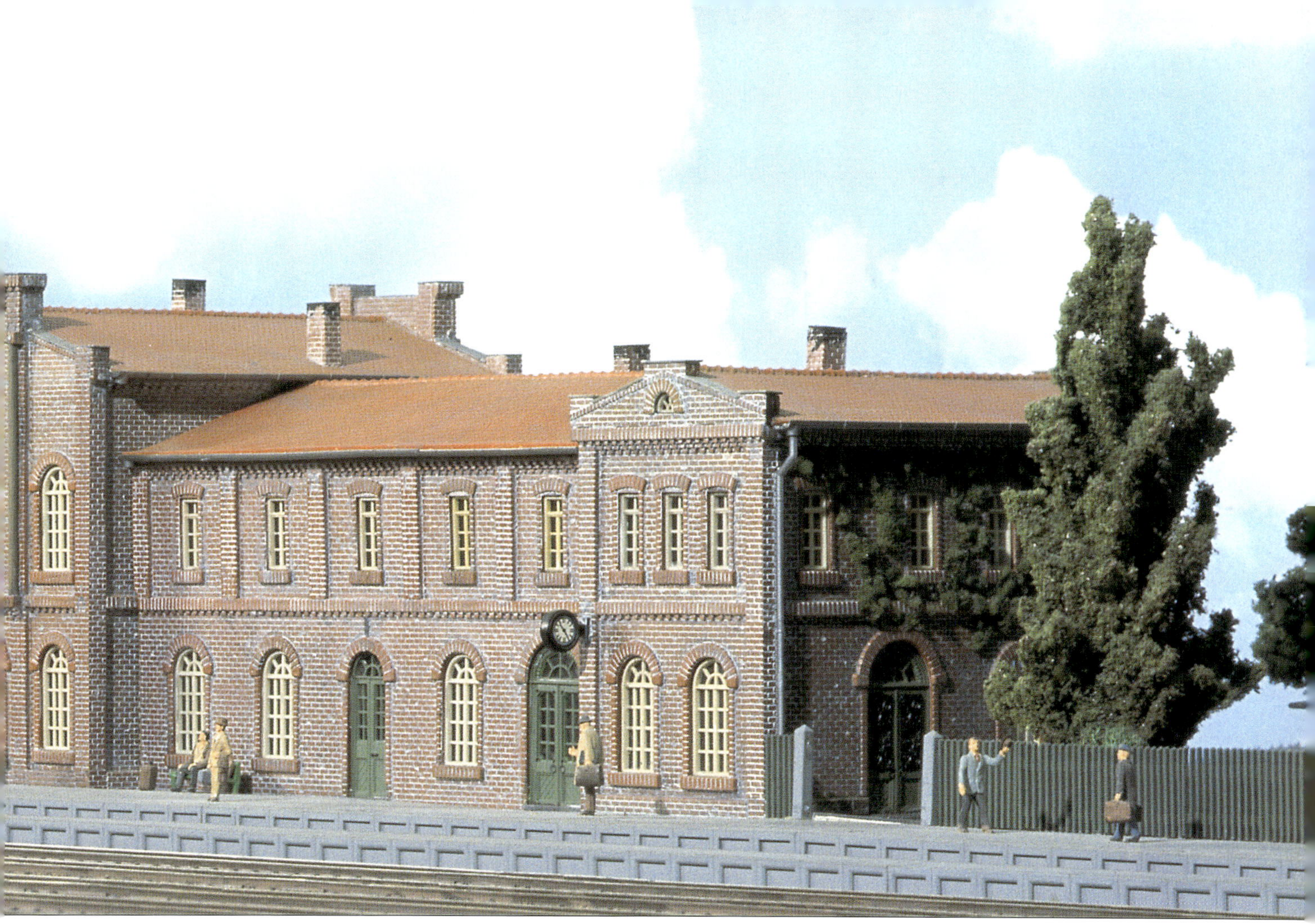

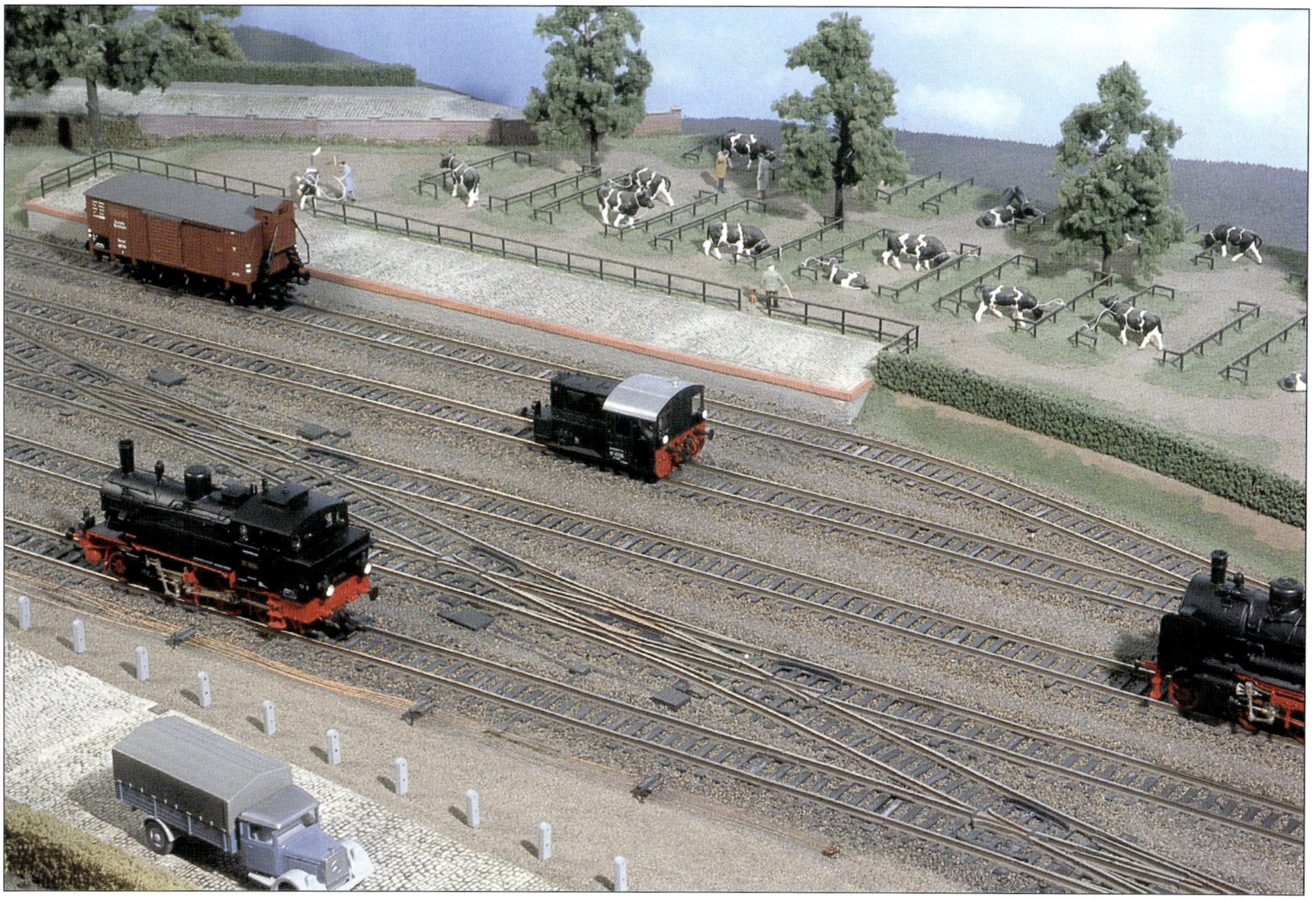

Blick über die Bahnhofsausfahrt in Richtung Norden auf den noch heute vorhandenen Bahnübergang. Hier befindet sich zurzeit noch ein provisorischer Übergang zur Paradestrecke.

Blick über den Bahnübergang auf das südlich stehende Stellwerk Ls.

Fotos: Gerhard Peter

Anlagenbau

Da es zur damaligen Zeit noch kein Roco-Line-Gleismaterial gab, kam Gleismaterial von Roco und Peco mit einer Profilhöhe von 2,5 mm auf das Planum. Nach der bekannten Wasser-Leim-Spülmittel-Mischmethode wurden die Gleisjoche Meter für Meter eingeschottert und anschließend eingefärbt. Das Streumaterial stammt überwiegend von Heki, ebenso Bäume und Sträucher. Die Signale im Bahnhofsbereich kommen von

Brawa, während auf den später entstandenen Streckensegmenten Viessmann-Signale stehen.

Die Gebäude im Bahnhofsbereich entstanden alle im Eigenbau. Hierzu kamen Kunststoff-Bastelplatten von Kibri, Vollmer und Auhagen zum Einsatz. Auf den Streckenmodulen wurden nur wenige Bausätze verwendet, die jedoch erhebliche Abänderungen erfuhren. Manfred Wille hat sämtliche Gebäude farblich nachbehandelt und so ein realistisches Aussehen erzeugt.

An rollendem Material sind Fahrzeuge verschiedener Hersteller im Einsatz. Da es vor Jahren noch nicht so viele Fahrzeuge mit authentischer Epoche-II-Beschriftung gab, mussten zahlreiche Lokomotiven und Wagen neu lackiert und mit Gaßner-Nassschiebebildern beschriftet werden. Bei den Straßenfahrzeugen der Firmen Roskopf, Wiking und Busch hieß es, fehlende Peilstangen, Außenspiegel, Scheibenwischer, Rückstrahler, Nummernschilder und weitere Details nachzurüsten.

Im Verlauf der Paradestrecke überqueren die Züge auf einer Steinbogenbrücke eine Straße im städtischen Umfeld, die aber kein konkretes Vorbild hat.

Selbst Stellleitungen, Seilzugkanäle und Spannwerke wurden nachgebaut. Allerdings fehlen immer noch einige Weichenlaternen und Grenzzeichen (Ra 12), die erst nach und nach an ihren Platz kommen werden. Ebenso sind noch verschiedene Freiflächen zu begrünen oder auch zu bebauen. Steht die nötige Zeit zur Verfügung, altert und supert Manfred Wille immer wieder einzelne Straßen- und Schienenfahrzeuge oder malt Figuren an. Es gibt noch für Jahre genug zu tun ...

Weil ihn die Vorteile des Digitalbetriebs überzeugten, hat sich der passionierte Modellbahner inzwischen vom Analogbetrieb verabschiedet. Die Loks fahren dank der Lastregelung in den Decodern viel weicher an und ziehen die Züge gleichmäßiger über die Weichenstraßen; auch

die Beschleunigung der Züge wirkt überzeugender.

Bf. Lingen auf Ausstellungen

Wenn der Bahnhof Lingen auf Modellbahnausstellungen gezeigt wird, ist das Interesse bei Alt und Jung sehr groß. Seit Anfang der 60er-Jahre hat sich beim Original viel verändert. Von den ehemaligen vier Bahnübergängen im Innenstadtbereich gibt es nur noch einen, die anderen sind durch Über- oder Unterführungen ersetzt worden. Viele Gebäude, wie Bahnhofsmeisterei, Nebengebäude und einige Schrankenposten sind nicht mehr vorhanden. Die älteren Besucher erinnern sich gerne an vergangene Zeiten, die sie noch einmal im Modell miterleben können.

Jüngere Besucher interessiert be-

sonders, wie es früher einmal hier ausgesehen hat. Da gibt es dann immer wieder viele Fragen, wie zum Beispiel „Wo war denn früher der Bahnübergang Rheiner Straße?", oder: „Hat so einmal der Bahnhofsvorplatz ausgesehen?"

Die Kleinbahn

Neben dem Hauptbahnhof Lingen interessierte sich Manfred Wille schon immer für die Kleinbahn von Lingen über Berge nach Quakenbrück – vor allem, weil sie eine Schmalspurbahn war. Da er sie noch persönlich erlebt hatte, verspürte er irgendwann einmal den Wunsch, den Kleinbahnhof Lingen und mit ihm ein Stück Heimat nachzubauen. Eigentlich hatte es nur ein Diorama werden sollen, doch schon bald kam ein Modul hinzu, dem

Rechts: Der aus Quakenbrück kommende Kleinbahnzug rollt langsam in den Bahnhof ein. Wenn alle Fahrgäste ausgestiegen sind, schiebt die Lok den Zug zurück, um die Vorräte aufzufrischen und um Rangierfahrten zu erledigen. Rechtzeitig vor der nächsten Abfahrt drückt die Lok den Zug wieder ins „Bahnsteiggleis". Am Lokschuppen ist die unsymmetrische Fachwerkeinteilung mit den Fenstern zu beachten. Sie lockert das Erscheinungsbild der recht langen Lokschuppenwand auf.

Anlagen-Steckbrief Hauptbahnhof Lingen

Nenngröße:	H0
Baumaßstab:	1:87
Anlagengröße:	Module mit einer Gesamtlänge von 7,50 m
Thema:	Lingen Hbf.
Rollmaterial:	Roco, Fleischmann, Trix, Liliput, Piko u.a.
Gleismaterial:	Roco, Peco (2,5 mm)
Epoche:	II

93 527 befährt mit ihrem Personenzug die Paradestrecke. Der Tunnel kaschiert den Wanddurchbruch.

Die Paradestrecke verläuft in einer etwa 25 cm höheren Ebene als die Gleisanlage des Bahnhofs Lingen. So hat man vom Stellpult aus betrachtet ein prächtiges Panorama.

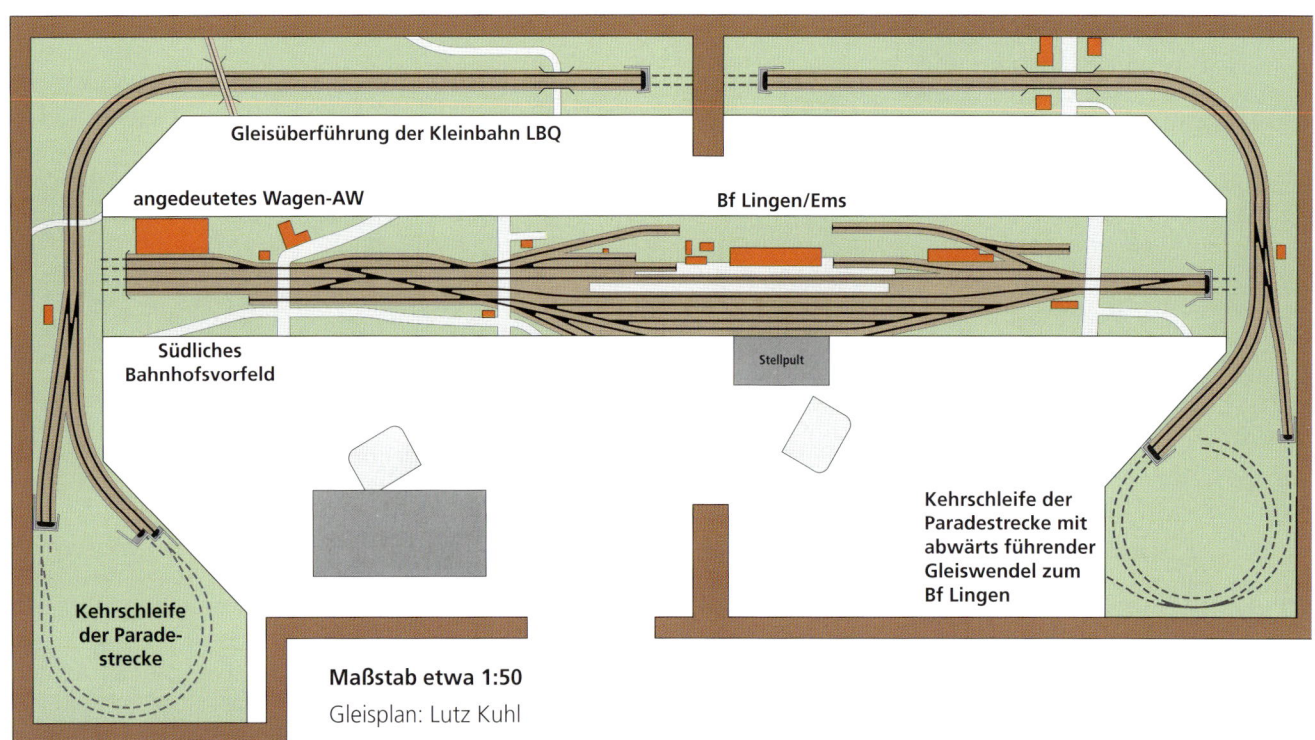

Gleisüberführung der Kleinbahn LBQ

angedeutetes Wagen-AW

Bf Lingen/Ems

Südliches Bahnhofsvorfeld

Stellpult

Kehrschleife der Paradestrecke mit abwärts führender Gleiswendel zum Bf Lingen

Kehrschleife der Paradestrecke

Maßstab etwa 1:50
Gleisplan: Lutz Kuhl

weitere Streckenmodule folgten. Inzwischen hat die Kleinbahn-Anlage eine Länge von 7 m, und weitere Module befinden sich in Arbeit.

Das Vorbild

Dem Modellbau ging ein gründliches Studium der Kleinbahngeschichte voraus. Die 750-mm-Strecke mit einer Gesamtlänge von 56 km war am 1. Juni 1904 eröffnet worden, erreichte ein Alter von nur 48 Jahren, sah am 17. Mai 1952 ihren letzten Zug und wurde bald darauf demontiert. Anfangs verfügte die Kleinbahn immerhin über vier dreifachgekuppelte Hanomag-Dampfloks, fünf Personen- und zwei Post-Packwagen, 15 offene und sechs gedeckte Güterwagen sowie einen Langholzwagen.

In den folgenden Jahren kamen weitere Wagen und sogar neue Loks mit der Achsfolge C'1 hinzu. Die schwächelnden C-Kuppler aus der Anfangszeit verkaufte man wieder. Eigens für einen Flughafenbau bei Quakenbrück gab es kurzzeitig auch eine Malletlok.

Nach dem Zweiten Weltkrieg wurden 38 Güterwagen aus ehemaligen Heeresfeldbahnbeständen übernommen. Am Tag ihrer Betriebseinstellung verfügte die Kleinbahn noch über sechs Lokomotiven, fünf Personenwagen sowie etwa 75 Güterwagen. Während die Loks verschrottet wurden, reichte man viele der Wagen an andere Kleinbahnen weiter. Einzige Zeitzeugen sind heute ein alter Hilfspack- und ein ehemaliger Heeresfeldbahnwagen.

Auf der Kleinbahn dominierte der Güterverkehr mit Kartoffeln, Getreide, Vieh, Kunstdünger, Sand, Kies, Kohlen, Ziegel- und Bruchsteinen, Tonrohren und Grubenholz als Ladegut. Der Reiseverkehr beschränkte sich auf den Berufs- und Schülerverkehr. An Markttagen waren die Züge allerdings stets gut besetzt.

Die Kleinbahn im Modell

Die einzelnen Modulkästen entstanden aus 13 mm starken Tischlerplatten mit Längen von 100 bzw. 150 cm und Tiefen von 50 cm. Das H0e-Gleismaterial stammt von Roco. Beim Bau der Gebäude griff Manfred Wille auf Bauzeichnungen zurück, die er im Staatsarchiv Osnabrück vorgefunden hatte. Wo keine mehr existierten (etwa zum Lokschuppen in Lingen), ließ sich zum Glück noch das Original an Ort und Stelle vermessen. Hilfestellung leistete auch eine Sammlung von über 200 Fotos, die Manfred Wille im Verlauf von über 30 Jahren zusammengetragen hatte.

Beim Bau der Gebäude fanden Mauerplatten von Kibri (4128) und

Es ist wohl Markttag in Lingen. Denn viele Fahrgäste nutzen den typischen Kleinbahnzug für den wöchentlichen Einkauf.
Mit künstlerischem Fingerspitzengefühl wurden das Bahnhofsensemble und die
vielen netten Szenerien gestaltet. Das Empfangsgebäude entstand im Selbstbau
und gibt den Baustil authentisch wieder.

Auch wenn noch viele Fahrgäste zum Zug streben und der Schaffner mit seiner
Kelle „fuchtelt", wirkt die Szenerie beschaulich.

Vollmer (6028) sowie Dacheindeckungen von Auhagen (52217) und Kibri (4140) Verwendung. Als Fachwerkbalken dienten aufgeklebte Furnierstreifen, während die Fensterrahmen aus Evergreen-Profilen entstanden. Bei der Anfertigung der Türen erwiesen sich Brawa-Bretterplatten, Evergreen-Profile und 0,4-mm-Messingdraht als geeignete Materialien. Fürs „Farbfinish" wurden Humbrol- und Plaka-Farben benutzt.

Kleinbahn-Fahrzeuge in 1:87

Eine Herausforderung stellte die Beschaffung der Schienenfahrzeuge dar. Schmalspurige Kleinbahnen wirken aufgrund ihrer geringen Verbreitung bisweilen recht exotisch. In ihrem Falle war daher (wie bei den Gebäuden) fast kompletter Selbstbau angesagt. Da Manfred Wille die Personen- und Güterwagen der Kleinbahn nach ihrer Stilllegung noch vermessen hatte, konnte er Zeichnungen anfertigen, die ihm nun zugute kamen.

Für den Bau der Güter- und Personenwagen verwendete er Drehgestelle von Roco (34502), die natürlich noch gekürzt und dem Vorbild angepasst werden mussten. Fußböden und Dächer entstanden aus Sperrholz, als

Dacheindeckungen der Wagen eignete sich feines Schmirgelpapier.

Die Seitenwände konnten mithilfe von Evergreen-Bretterplatten (2060 bzw. 4080), Haltegriffe und Griffstangen aus 0,3 mm dünnem Stahl- bzw. 0,4-mm-Messingdraht angefertigt werden. Die Trittbretter bestehen aus Messingblech. Die Beschriftungen lieferten Gaßner und TL Decal, während zur Farbgebung die bewährten Humbrol-Farben herangezogen wurden.

Die Lokomotivmodelle basieren auf Fahrwerken der Spreewald-Loks aus dem Hause Tillig. Ihre Aufbauten entstanden aus Kunststoffplatten von Evergreen, die Armaturen und Details aus Zurüstteilen von Weinert.

Was wären die einst recht langen Güterzüge der Kleinbahn ohne beladene Wagen? Die in durchaus kreativer Bastelarbeit imitierten Wagenladungen zeigen die typischen Güter der Kleinbahn und bestehen aus zerkleinerter Lokomotivkohle (aus dem ehemaligen Bw Rheine), aus echtem Kies und Schotter, aber auch aus den Nachbildungen typischer Agrar- und Forstprodukte. Baumstämme und Weidezaunpfähle wurden beispielsweise aus Haselnuss- bzw. Birkenzweigen angefertigt.

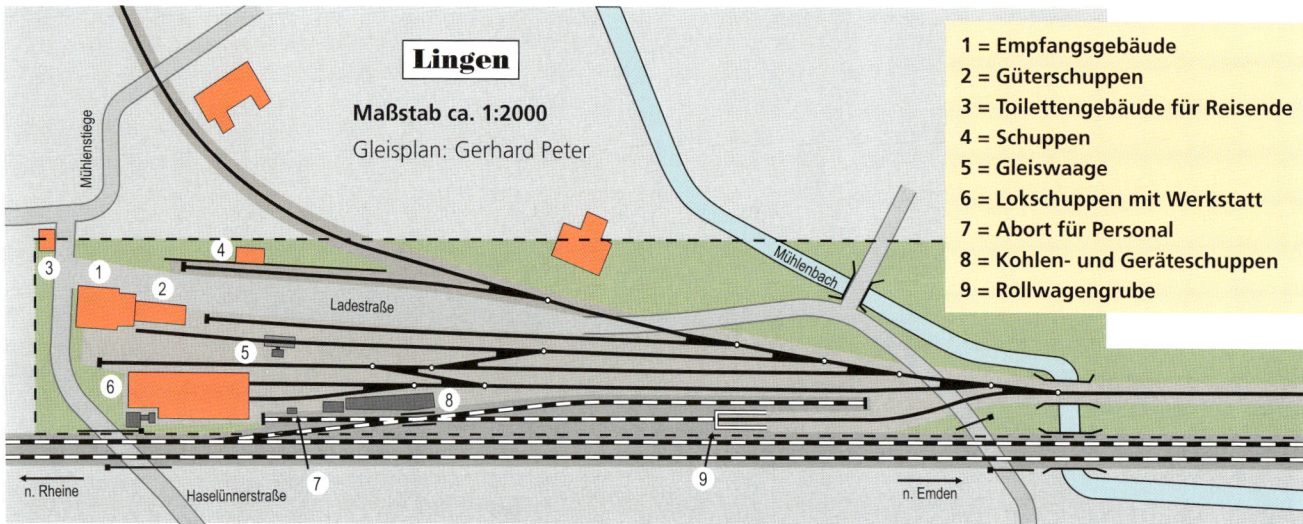

Auch das „platte" Land hat seine Reize. Felder und eingezäunte Weiden mit den Wirtschaftswegen prägen die Landschaft.

Im Bahnhof Lingen wurde bei der Kleinbahn heftig rangiert, um die Ladung von den Regelspurwaggons in die Schmalspurwagen und umgekehrt umzuladen. Die grün unterlegte Fläche baute Manfred Wille auf seinen Segmenten in H0e nach.

Lingen

Maßstab ca. 1:2000

Gleisplan: Gerhard Peter

Mühlenstiege

Mühlenbach

Ladestraße

n. Rheine

Haselünnerstraße

n. Emden

1 = Empfangsgebäude
2 = Güterschuppen
3 = Toilettengebäude für Reisende
4 = Schuppen
5 = Gleiswaage
6 = Lokschuppen mit Werkstatt
7 = Abort für Personal
8 = Kohlen- und Geräteschuppen
9 = Rollwagengrube

Der Zug rumpelt gerade über den Bahnübergang mit den damals typischen Andreaskreuzen. Blick von der Ladestraße über die Gleise zum Kohlen- und Geräteschuppen. Hinter dem Schuppen verliefen beim Vorbild die Regelspurgleise der DB.

Die Landschaft

Da das Emsland ein eher „plattes" Terrain darstellt und mit nur sehr wenigen, flachen Erhebungen auskommt, konnte Manfred Wille bereits beim Bau der Modulrahmen auf besondere Finessen verzichten.

Wer jedoch glaubt, Landschaft und Natur in jenem Teil Norddeutschlands ließen sich mit nur geringem Aufwand nachgestalten, muss eines Besseren belehrt werden: In geradezu typischer Weise wird das Emsland von scheinbar endlosen Busch- und Baumreihen durchzogen. Sie im Modell nachzubilden kann durchaus ins Geld gehen.

Für die Landschaftsgestaltung wurden daher, soweit irgend möglich, Naturprodukte verwendet. Im Falle der Ackerflächen sowie der Wege und Plätze kam Gartenerde zum Einsatz,

die zuvor freilich nach der bekannten, hausbackenen Methode in der Bratröhre des heimischen Herds sterilisiert werden musste. Daneben ließen sich natürlich auch die bekannten Streu- und Flockenmaterialien der Firmen Heki, Busch und Noch recht gut verwenden.

Die Straßenfahrzeuge stammen aus den Programmen von Wiking und Busch. Natürlich wurden nur jene verwendet, die maximal bis 1953 auf den Straßen zu sehen waren. Fast alle Kraftfahrzeuge erhielten feinste Details wie etwa Außenspiegel, Scheibenwischer, Rückleuchten, Rückstrahler, Peilstangen, schwarze Nummernschilder und natürlich passende Fahrerfiguren. Auch wenn solches Tun mancherlei Mühe macht, so bereitet es doch immer wieder Freude, mit dem geliebten Hobby ein gutes altes Stück Heimat nachzugestalten.

Anlagen-Steckbrief Kleinbahn Lingen–Berge–Quakenbrück	
Nenngröße:	H0e
Baumaßstab:	1:87
Anlagengröße:	Module von 1,00 m bzw. 1,50 m Breite und 0,50 m Tiefe
Thema:	Anschlussbahnhof und Strecke einer Schmalspurbahn
Rollmaterial:	Selbstbau unter Verwendung von industriell gefertigten Teilen
Gleismaterial:	Roco H0e
Epoche:	III

HO

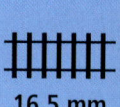

1:87

16,5 mm

Module für Märklin

Die Anlage der Modellbahnfreunde Osterholz-Scharmbeck besteht aus stolzen 40 Modulen. Sie wird im bekannten Mittelleiter-Wechselstrom-System auf Märklin-K-Gleisen betrieben. Als Thema der Anlage wählten die Mitglieder eine eingleisige Hauptbahn im Mittelgebirge, die in der Epoche III angesiedelt ist. Bis auf das große Viadukt – stattliche 2,67 Meter lang – gibt es kein konkretes Vorbild. Dieses Viadukt aber wurde nach einem Original in Alsfeld-Eifa an der stillgelegten Strecke nach Bad Hersfeld gebaut. Die Betriebsführung orientiert sich am Nebenbahnbetrieb des Vorbilds.

Doch wie kam es überhaupt zur Gründung der Gruppe? Es kam, wie es immer kommt: Sie entwickelte sich langsam aus ganz kleinen Anfängen. Denn um seiner damaligen Märklin-Sammlung „Bewegung" bieten zu können, baute Kurt Karpinski eine Bahnhofsanlage in Modulbauweise. Im Sommer 1994 schloss sich ein Modellbahnfreund (Martin Krause) an und man baute gemeinsam weitere Module. Das war die Keimzelle des Vereins. Im Laufe der Zeit kamen mit Detlev Seedorf, Werner Windhorst, Jens Röhrs, David und Burkhard Rehage weitere Modellbahnfreunde dazu.

Eine eingleisige Strecke in der Epoche III haben sich die Modellbahnfreunde Osterholz-Scharmbeck zum Vorbild genommen. Neu waren damals Wendezüge. Besonders zeittypisch ist der Schi-Stra-Bus.

Mit einem Nahgüterzug macht sich hier eine V 65 auf den Weg. Noch ziemlich neu scheint auch die V 60 im Bild unten zu sein, die hier gerade an der Bekohlungsanlage vorbeifährt.

Die Anlagenteile

Die Module sind in Rahmenbauweise aus 10-mm-Sperrholz gebaut. Die Abmessungen der einzelnen Module mit genormten Kopfstücken (eigene Vereinsnorm) betragen 90 x 40 cm. Nach dem Zusammenbau wird die Geländeform ausgesägt. Das K-Gleis wurde auf 4-mm-Korkbettung verlegt. Nach der Leim-Wasser-Spülmittel-Methode wurde das Gleis eingeschottert und das Gleisbett nach völliger Durchtrocknung farblich behandelt.

Bei sämtlichen Märklin-K-Weichen wurden die beweglichen Herzstücke ausgebaut und durch selbstgebaute ersetzt. Dadurch konnte die Wei-

che komplett eingeschottert werden. Geschaltet werden die Weichen mit Roco-Unterflurantrieben.

Die Geländehaut klebten die Aktiven mit Klebeband auf und strichen sie mit Weißleim ein. Nach Austrocknung des Weißleims wurde das Gelände mit Moltofill modelliert. In den ersten Jahren verwendete man Woodland- und Heki-Erzeugnisse zur Nachbildung der Vegetation. Im Jahr 1999 fiel der Entschluss, die kompletten Module mit Produkten von Silflor zu überarbeiten.

Ein Großteil der Gebäude ist im Eigenbau bzw. als Umbau auf der Basis von Industriemodellen entstanden. Individuelle Farbgebung und leichte

Auf kleinen Unterwegsstationen spielt sich das betriebliche Geschehen ab. Der Nahverkehr findet hier mit dem „Nebenbahnretter" VT 95 statt.

Ein dampfgeführter Personenzug hat Einfahrt in Kottenforst.

Beeindruckend, aber selten auf Modellbahnanlagen zu sehen: eine Autobahn.

Auch Fachwerkromantik und Kleingewerbe kommen auf der U-förmigen Anlage nicht zu kurz!

Fotos: Bruno Kaiser

Die Märklin-Gleise mit ihren typischen Punktkontakten fallen gar nicht besonders auf, sie wurden sehr sorgfältig eingeschottert.

Spuren der Verwitterung sorgen bei allen Gebäuden und Fahrzeugen für einen stimmigen und realistischen Eindruck. Laubbäume entstanden aus Heki-Bausätzen oder im Eigenbau (Litzendraht verdrillt und verlötet). Kiefern und Fichten stammen ebenfalls aus der Eigenbauwerkstatt. Sämtliche Bäume erhielten ihr Blattwerk von Silflor. Signale, Weichenlaternen, Weichenantriebe, Blechkanäle und Kleinteile stammen von Weinert. Lampen von Brawa und Figuren von Preiser beleben schließlich die Module.

Betrieb bringt Action

Auf der Anlage kommen (fast) keine Fahrzeuge von Märklin zum Einsatz. Die Triebfahrzeuge stammen aus den Sortimenten von Roco, Fleischmann und Weinert. Dazu gibt es einen umfangreichen Bestand an Güter- und

Personenwagen. Alle Fahrzeuge sind gealtert, viele wurden mit Zurüstteilen verfeinert.

Dank der Modulbauweise können die einzelnen Teilstücke auf unterschiedliche Weise kombiniert werden. Die Gesamtanlage lässt sich also flexibel an die jeweiligen Gegebenheiten (z.B. bei Ausstellungen) anpassen. Gefahren wird ausschließlich analog.

Um das Niveau der Anlage auf dem aktuellen Stand zu halten, fallen viele Arbeiten an. Gerade nach Ausstellungen haben die Mitglieder die eine oder andere Reparatur durchzuführen – und zu verbessern gibt es immer wieder etwas.

Ein weiterer Ausbau der Anlage ist nicht mehr geplant. Stattdessen wird schon an ein neues Projekt gedacht: Die Bremervörder–Osterholzer Eisenbahn mit dem Bahnhof Worpswede, dann aber streng nach Vorbild und in Baugröße 0!

Rangiermöglichkeiten für Güterwagen sind vorhanden, als Beispiel zeigen wir hier das Silogebäude der landwirtschaftlichen Genossenschaft.

Die Landschaftsgestaltung zeichnet sich u.a. durch große, selbstgebaute Bäume und hochwertige Materialien aus.

Anlagen-Steckbrief

Nenngröße:	H0
Baumaßstab:	1:87
Anlagengröße:	40 Module zu je 0,90 x 0,40 m
Thema:	eingleisige Hauptbahn im Mittelgebirge
Rollmaterial:	Roco, Fleischmann, Weinert
Gleismaterial:	Märklin-K-Gleis
Epoche:	III

In Utingen kreuzen sich die SBB-Hauptstrecke und eine Schmalspur-Nebenbahn. Die Re 4/4 „Bahn 2000" hat soeben die Migros-Regionalverwaltung passiert.

Gegenüber dem umliegenden Gelände (mit den „hochherrschaftlichen" Stadthäusern) liegt das Bahnhofsareal hier deutlich tiefer.

Helvetisch auf dem Dachboden

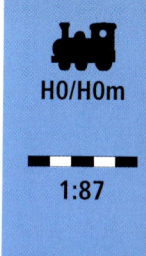

HO/HOm

1:87

16,5/12 mm

Seit den Sechzigerjahren faszinierte ihn die Vielfalt der Eisenbahn in der Schweiz derart nachhaltig, dass für Dr. Wolfgang Winterhager auch als Modellbahnthema stets nur die Schweiz in Frage kam. Als Fan langer Reisezüge wählte er zur Nachgestaltung die Bahnstation einer mittleren Stadt im Flachland. Der Bahnhof Utingen (der Name stellt eine Hommage an seine Frau dar) liegt irgendwo am Südrand des Schweizer Jura, im Schnittpunkt der Magistralen Basel–Bern und Biel–St. Gallen. Natürlich musste das ganze „Drum und Dran" echt helvetisch sein: Rollmaterial, Signale, Oberleitung – überhaupt die ganze Stimmung.

Die räumlichen Gegebenheiten für seine Anlage ergaben sich aus einem vorhandenen Spitzdach-Boden mit einer Grundfläche von 6 x 5 m bei einer Dachneigung von 40 %. Aus der gewünschten Anlagenhöhe von 75 cm über dem Fußboden und einer Hintergrundhöhe von 35 cm resultierte eine Fläche von 6,00 x 3,20 m für den Aufbau der Anlage. Weil der Zugang über eine Bodentreppe in Raummitte gewährleistet bleiben musste, bot sich eine An-der-Wand-Anlage mit Rundum-Charakter an.

Einfach und betriebssicher

Aus Erfahrungen mit früheren Anlagenbauten entschloss sich Dr. Winterhager zum Bau einer einfachen, aber realistischen Streckenführung, denn unmotivierte Brücken oder gar Tunnelportale ohne landschaftliche Notwendigkeit lehnt er prinzipiell ab. Überdies sollte die Anlage bis in die „letzte Ecke" zugänglich sein, keine Steigungen aufweisen, aber über einen großen Schattenbahnhof mit möglichst hoher Aufnahmekapazität (darunter für Einheiten mit zehn maßstäblich langen Reisezugwagen) verfügen. Die in ihrer großzügigen

Gestaltung weitgehend vorbildorientierten Radien sollten die äußerst unschöne „Sehnenstellung" langer Wagen im Gleis ausschließen.

Als planerische Konsequenz resultierte aus diesen Fixpunkten, den Bahnhof Utingen in einer leichten Krümmung seiner Gleisanlagen in der Raumdiagonalen zu platzieren. Die einsehbaren, äußerst sanften Gleisbögen sollten auf etwa 7,50 m Länge nur von innen her sichtbar sein, obwohl sie noch nicht einmal einen Achtelkreis beschreiben. Der verbleibende Teil des Raumes war dem Schattenbahnhof vorbehalten.

Selbst wenn dieser Entwurf manch einem Modellbahner eher „langweilig" erscheinen mag, so weist er doch einen aus der Sicht des Erbauers wesentlichen Vorzug auf: Der Fahrbetrieb funktioniert bei einem solchen Konzept reibungslos, da sich Pannen und Betriebsstörungen weitestgehend ausschließen lassen. Der offen zugängliche Schattenbahnhof gestattet es jederzeit, neue Zuggarnituren problemlos auf- und zusammenzustellen.

Wirklichkeitsnahe Gestaltung

Die beiden „Übergangs-Ecken", mithin jene Punkte, wo die Züge den Blicken enteilen, um in den Schattenbahnhof einzufahren, mussten freilich so geschickt gestaltet werden, dass der Betrachter das Verschwinden der Züge als völlig normal empfindet, weil es seinen Erfahrungen aus der Wirklichkeit entspricht. Im Falle der Bahnanlagen von Utingen gelang dies sowohl durch höhere Gebäude und eine über die Gleise führende Straßenbrücke als auch mithilfe einer Betonunterführung, deren landschaftliche Notwendigkeit aus einem Hügel resultiert.

Um selbst hier auf Nummer sicher zu gehen, lassen sich diese Bebauungs- bzw. Geländeelemente

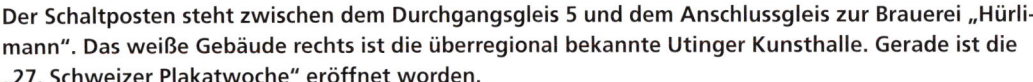

Der Schaltposten steht zwischen dem Durchgangsgleis 5 und dem Anschlussgleis zur Brauerei „Hürli-mann". Das weiße Gebäude rechts ist die überregional bekannte Utinger Kunsthalle. Gerade ist die „27. Schweizer Plakatwoche" eröffnet worden.

Neben der Utinger Güterhalle, in der auch nachts reger Betrieb herrscht, verschwinden die Gleise Richtung Süden (Schattenbahnhof) in einer Betonunterführung.

abnehmen. Den Übergangsradien zum Schattenbahnhof legte Dr. Winterhager den genormten Radius R3 des Roco-Gleismaterials zugrunde. Dieser Radius garantiert auch mit kurzgekuppelten Zuggarnituren störungsfreies Fahren. Trotz der relativ großen Radien sind die Gleise auch im Bahnsteigbereich vorbildgerecht leicht überhöht.

Der Schattenbahnhof selbst erfuhr wegen der großen Anzahl der Fahrzeuge suzessive Erweiterungen: Einige Zuggarnituren stehen auf Gleisabschnitten, die in einer schubladenähnlichen Holzkonstruktion liegen. Diese Schublade wird als „Zugmaga-

zin" an einer speziellen Verbindungsstelle angesetzt und schon können die Züge rollen. Auf diese Weise stehen derzeit rund 40 Meter „Schattengleise" zur Verfügung.

Bauweise und Technik

Die Anlage wurde in Segmentbauweise konstruiert. Der Unterbau besteht aus 7 x 7 cm starken, hölzernen Stützpfeilern, die untereinander mit Dachlatten sowie mit den Dachsparren des Hausdachs verschraubt sind. Den unmittelbaren Anlagen-Untergrund bilden 10 mm starke Sperrholzplatten, die gegen Verwindungen

mittels ringsherum hochkant aufgeleimter Dachlatten stabilisiert wurden und auf dem Unterbau aufliegen.

Dr. Winterhager hat die Anlagenfläche in handhabbare Segmente zerlegt. Als oberstes Gebot dabei galt, dass an den Übergängen zwischen Gleisjochen und Segmentkanten stets und exakt der rechte Winkel eingehalten wurde. Die einzelnen Segmente entstanden im Hobbykeller. Komplett fertiggestellt, jeweils individuell verdrahtet sowie selbst landschaftlich durchgestaltet, wurden sie auf den Dachboden transportiert und an die bestehende Anlage mittels Schlossschrauben „angedockt".

Der elektrische Anschluss an die anderen Segmente der Anlage erfolgte über Vielfachstecker. Die Elektrik ist denkbar einfach; alles funktioniert manuell. Zum Fahren genügt ein altes WAC-Gerät von Uhlenbrock. Computersteuerungen und übermäßige Elektronik wie Blockbetrieb, automatische Signalhalte usw. gibt es nicht. Dr. Winterhager setzt die Prioritäten anders: Wichtig für ihn ist der optische Eindruck der Züge in ihrer Umgebung, nicht irgendwelche Automatisierungen. Lediglich über eine Digitalisierung der Fahrzeuge denkt er seit einiger Zeit nach.

Sowohl das Gleismaterial (Roco-bzw. Bemo-Standardgleis in Styroplast-Bettung) als auch Fahrzeugpark und Gebäude mussten eine farbliche Nachbehandlung ertragen. Die Gebäude wurden fast durchgängig in Halbreliefbauweise aufgestellt oder kommen zumindest ohne „durchgestaltete" Rückseiten aus. Der realistischen Wirkung halber entstanden größere Gebäude aus mehreren Bausätzen, so das Hotel „Europa", die „Migros-Regionalverwaltung Mittelland" und sogar der Güterschuppen.

Die ebenfalls auf diesem Wege angefertigte „Kunsthalle" geht auf den bekannten Empfangsgebäude-Bausatz „Baden-Baden" zurück. Der breite Mittelbahnsteig mit seiner Überdachung (aus einem Bausatz von Jouef) entstand komplett im Selbstbau.

Loks, Wagen, Oberleitung

Das Rollmaterial besteht im Wesentlichen aus Schweizer Fahrzeugen ab Epoche III. Elloks dominieren, daneben gibt es einige Dieselloks. Einige Züge haben internationalen Charakter und bestehen aus französischen, belgischen, italienischen, österreichischen, russischen und CIWL-Waggons. Die als „hängende Schlucht" gebaute, von SBB und Straße überquerte H0m-Strecke (damit wenigs-

tens zwei Brücken auf der Anlage zu finden sind) stellt lediglich ein kleines, aber völlig selbständiges „Rollmaterial-Schaustück" dar, denn die kleine Bahn hat keinerlei Anbindung an die übrige Strecke. Ein späterer Weiterbau etwa im Bahnhofsvorfeld (ähnlich Brig, Aigle, Chur usw.) ist freilich nicht ausgeschlossen.

Die farblich nachbehandelte Sommerfeldt-Oberleitung ist voll funktionsfähig, wird aber nicht genutzt. Um die mechanische Fahrdrahtverspannung an den Segment-Übergängen möglichst gleichmäßig zu verteilen, wurden mehr Abspannmasten gesetzt als notwendig. Der Schattenbahnhof ist mit einer „Oberleitung" einfachster Bauweise versehen: hölzerne Querjoche aus Dachlatten mit unterhalb angeschraubten Winkel-

haken tragen einfachen Draht – das ist alles. Beim hier gezeigten Bauzustand der Anlage war noch nicht alles perfekt; so mussten noch das Empfangsgebäude mit seinen Hausbahnsteigen (u.a. ein kleiner Kopfbahnsteig für eine normalspurige Privatbahn), der Bahnhofsvorplatz und die Stadtbebauung fertiggestellt werden. Die „bahntechnische Seite" der Anlage ist demgegenüber bereits weitgehend komplett, sodass jedes neu erworbene Fahrzeugmodell sofort in den Fahrbetrieb gehen kann.

Nachgestellt wird der Fahrplan eines halben Tages, von 13 Uhr bis Mitternacht. Utingen passieren in dieser Zeit insgesamt 24 Züge, von Intercity- über Güter-, Arbeits- und Postzüge bis hin zu Regionalbahn-Triebwagen.

Sowohl die Bahnhofstraße als auch die Hauptbahngleise überqueren eine H0m-Nebenstrecke. Die Schmalspurellok ist hier auf Alleinfahrt zum Bw unterwegs. Zwischen den beiden Brücken erkennt man die Abspannung der Oberleitung.

Der Umschlag von der Bahn auf den Lkw scheint in Utingen noch Hochkonjunktur zu haben (rechts oben).

Blick auf den Schattenbahnhof. Über den neun festinstallierten Abstellgleisen erkennt man die Querjoche für die Oberleitung. Darauf stehen noch weitere Schattengleise mit kompletten Zuggarnituren, die wie Schubladen an der Vorderkante eingesetzt werden können.

Anlagen-Steckbrief

Nenngröße:	H0/H0m
Baumaßstab:	1:87
Anlagengröße:	6,00 x 3,20 m
Thema:	Regelspuriger Durchgangs-bahnhof einer mittleren Stadt in der Schweiz sowie Schmalspur-nebenbahn
Rollmaterial:	Fleischmann, Roco, Bemo u.a.
Gleismaterial:	Roco/Bemo
Epoche:	III/IV

**Typische Situation im Rheintal:
Zwischen Strom und Weinbergen teilen
sich Bahn und Straße den beengten Raum.**

Rheintal-Romantik in St. Goarshausen

Typisch für das romantische Rheintal: Weinstöcke so weit das Auge
reicht ... Die Firma Trix benötigt
für Messen und Ausstellungen passende Anlagen zur Präsentation des
aktuellen Angebots. Für eine neu zu
bauende Anlage, deren Realisierung
dem bekannten Modellbahnexper-
ten Rolf Knipper übertragen wurde,
war schnell ein geniales Thema gefunden: die Rheinstrecke! Sie gehört
wohl zu den schönsten in Europa.
Eigentlich gibt es ja zwei davon, eine
auf der linken und die andere auf der
rechten Seite des Rheins. Diese expo-
nierte Lage ergab dann auch gleich
die klassischen Namen: links-, bzw.
rechtsrheinische Strecke. Jahrzehnte
zählten die Strecken entlang des
Rheins zu den Magistralen schlechthin. Namhafte Züge wie zum Beispiel
der „Rheingold" prägten dort das Bild
über Generationen.

Erste Wahl: St. Goarshausen

Für das Projekt wurde die Gegend um
St. Goarshausen ausgesucht. Reizvoll
war auf jeden Fall die unmittelbare
Nähe zur Loreley, jener sagenhafte
Felsen, der eigentlich der Inbegriff
des romantischen Rheintals ist. In
direkter Nachbarschaft, ein wenig
rheinabwärts, liegt der bekannte Ort
„St. Goarshausen".

Gleich gegenüber, auf der anderen
Seite des Flusses, befindet sich das
vielleicht noch berühmtere Wein-
städtchen „St. Goar" mit seiner Ruine
„Rheinfels". Sie war eine der größten
Festungsanlagen am Rhein und noch
heute sind die Reste beeindruckend.
Vor allem hat man von hier aus einen
prächtigen Blick auf die Rheinseite in
Richtung St. Goarshausen.

Schauen wir uns einmal in St. Goarshausen näher um. In erster Linie geht es ja um eisenbahntechnische Belange, aber die bekannte Burg „Katz" muss unbedingt genannt werden! Hoch über dem Bahngelände „thront" sie im wahrsten Sinne des Wortes. Zwischen dem Rheinufer und den dicht dahinter aufsteigenden Felshängen schmiegt sich die Ortschaft entlang der Bundesstraße 42 und der (rechtsrheinischen) Bahnstrecke von Rüdesheim über Oberlahnstein, Troisdorf bis Köln-Deutz an. Einen richtigen Bahnhof gibt es auch, obgleich der Personenverkehr im Regelfall eher regionalen Charakter hat. Als Umleiterstrecke dient sie aber ständig als „Notnagel" für die (höherwertige) linke Rheinstrecke.

Eine Besonderheit besitzt die Bahnhofsanlage in St. Goarshausen: Das sehr lange Überholgleis liegt in Richtung Oberlahnstein vor dem eigentlichen Bahnhofsareal. Im Grunde wären es zwei Funktionsbereiche hintereinander. Schnell wurde bei der Planung klar, dass sich die Situation selbst in N auf der zur Verfügung stehenden Länge nicht verwirklichen ließe.

Etwas Außergewöhnliches hat sich einst direkt am Rheinufer abgespielt: Es gab tatsächlich eine meterspurige Kleinbahn, nämlich die „Nassauische Kleinbahn". Ihr Streckenast reichte bis nach Zollhaus und hatte eine Länge von fast 90 km (1908). Bis 1957 fuhren hier Züge. Noch heute kann man den mächtigen Kran und die Bunkeranlagen für die Umladung von Erzen und Kalksteinen entdecken. Grund genug, diese interessante Situation auch für eine Modellumsetzung zu adaptieren.

Ganz und gar nicht direkt vor St. Goarshausen anzutreffen ist die alte, im Rhein befindliche Zollburg „Pfalzgrafenstein", genannt „die Pfalz". Sie ist in Wirklichkeit bei Kaub, etwas weiter stromaufwärts „daheim". Im Plan ist sie vorhanden, indes gebaut wurde sie aus Platzgründen dann doch nicht.

Im Modell: Rechte Rheinstrecke

Die Länge beträgt für die gestaltete Anlage 4,80 Meter. Dazu kommen für die Gleiskehren noch auf jeder Seite 60 Zentimeter hinzu. Das macht zusammen 6 Meter. Die Anlagenteile messen grundsätzlich 1,20 m im Quadrat. Im Bergrücken befindet sich ein kleiner Schattenbahnhof.

Für den Betrachter ergibt sich quasi der Eindruck, er stünde auf einem Höhenrücken und schaute hinab in das Rheintal, denn die rela-

Ein Blick auf den Hang mit Weinbergen; im Vordergrund – wo die Straße am Wasser endet – warten einige Autos auf die bald eintreffende Fähre. Rechts der Bahnhof St. Goarshausen im Überblick. Fotos: Rolf Knipper

tiv niedrige Höhe des Rhein-Niveaus über dem Fußboden von gerade einmal 60 cm für den „Wasserspiegel" suggeriert dies. Die Berghänge ragen bis zu 120 cm hinauf.

Weinanbau in N

Eine Rheintal-Anlage muss auch mit umfangreichen Weinanbauterrassen ausgestattet werden. Für den Erbauer waren maßstäbliche, zur Baugröße N passende Weinstöcke eine gewisse Herausforderung. Zum einen ist bei dem Platzangebot des Projekts einiges an Terrassen in dem topografisch schwierigen Gelände anzulegen und zum anderen mussten die Reben in der schockierenden Zahl von rund 5000 in einem überschaubaren Zeitraum hergestellt werden.

Qualitätswein verlangt nach bevorzugten Lagen mit möglichst viel Sonnenlicht. Gerade entlang der rechtsrheinischen Strecke finden sich daher Anbauflächen in reicher Zahl. Das Gelände mit den zum Teil sehr steilen Hängen muss durchweg mit Terrassenmauern abgefangen werden. Die Mauern entstanden aus Heki-Dur-Hartschaumplatten. Mit einem Sand/Leimgemisch erfolgte anschließend die Bodennachbildung. In den noch feuchten Belag wurde zusätzlich etwas gröberes Material gestreut, um die Schieferstruktur darzustellen.

Nach dem Auftrocknen erfolgte mit Lineal und Bleistift ein möglichst geometrisches Pflanzmuster. Die Weinreben und -stöcke können in N ganz ähnlich den bekannten H0-Bastelvorschlägen angefertigt werden. Basis

Anlagen-Steckbrief

Nenngröße:	N
Baumaßstab:	1:160
Anlagengröße:	6,00 x 1,20 m
Thema:	Rechte Rhein-strecke bei St. Goarshausen
Rollmaterial:	Minitrix
Gleismaterial:	Minitrix
Epoche:	III

Weinstöcke – fast schon ein Albtraum für die Anlagenbauer: Mary Knipper „pflanzte" Rebstöcke im Akkord.

Linke Seite: Auf engstem Raum sind im Rheintal Wohnhäuser, Weinlokale und Industrie mit Kranen und Kleinbahn angesiedelt.

sind etwas dünnere Zahnstocher. Danach muss man schon einmal gezielt im Supermarkt suchen. 1 mm starker Draht wäre ebenfalls hierfür geeignet.

Die Zahnstocher wurden mit dem Seitenschneider in zwei Hälften von 1,3 cm geteilt. Die Spitze diente später als Pflanzhilfe im Landschaftsgrund. Zuerst wurde der halbe Zahnstocher in braunen Landschaftsleim von Faller getaucht, unmittelbar danach der klebrige Stock in feinen Heki-Schaumstoffflocken gewälzt und zum

Trocknen in ein Stück Hartschaum gespießt. Nach ein paar Stunden konnten die Weinstöcke ordentlich in Reih und Glied auf den vorbereiteten Weinberg gesetzt werden.

Es dauerte lange, bis das Werk vollbracht war. Dennoch, die Mühe hat sich gelohnt. Der Eindruck der typischen Rheintalstrecke im Mittellauf des Stroms stellt sich unbedingt ein. Und darauf sollten alle Rheintalfans mit einem guten Riesling aus St. Goarshausen anstoßen – wohl bekomms!

Plan unten: So sieht der Abschnitt St. Goarshausen in der Draufsicht aus. Man findet alle Sehenswürdigkeiten der näheren Umgebung wieder. Ganz besonders interessant scheint der Anschluss der Kleinbahn im Hafengelände zu sein. Noch heute ist dort der Ladekran zu finden. Nach rechts hin schließt sich der Loreley-Felsen mit dem bekannten Tunnelportal an. Man sieht deutlich, dass der Bahnhof auf sein vorgelagertes Überholgleis im Modell verzichten muss – der Platz würde einfach nicht reichen!

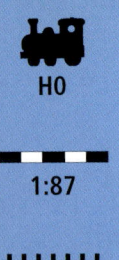
Die Karussellbahn im Modell

Im Mittelpunkt der HO-Modulanlage der Coburger Eisenbahnfreunde steht die Nachbildung der Bahnhöfe, Gleisanlagen und Gebäude der Eisenbahn durch das Tal der Steinach im Coburger Land zu Oberfranken.

Das Vorbild – eine Karussellbahn

Die als „Steinachtalbahn" bekannte Nebenstrecke führte von Ebersdorf bei Coburg über Weidhausen und Hof-Steinach nach Neustadt. Ab Leutendorf folgte die Strecke dem Lauf der aus Thüringen kommenden Steinach. Zusammen mit der Hauptbahn Coburg–Sonneberg bildete sie eine Art Ringstrecke; im Hinblick auf die durchgehenden Zugverbindungen von Coburg über Hof-Steinach und Neustadt zurück nach Coburg wurde sie auch gern „Karussellbahn" genannt. In Hof-Steinach befand sich der größte Unterwegsbahnhof der Strecke. Mit seiner (zum Bahnbetriebswerk Coburg gehörenden) Lokstation bildete er den betrieblichen Mittelpunkt der Strecke.

Die „Karussellbahn" wurde in zwei Teilstücken eröffnet: Der erste Teilabschnitt von Ebersdorf nach Weidhausen ging am 1. August 1901 in Betrieb, der zweite Teil von Weidhausen nach Neustadt folgte am 1. November 1920. Während die älteren Bahnhofsgebäude bis Weidhausen noch aus rotem Ziegelmauerwerk wie in Preußen errichtet wurden, zeigen die neueren Gebäude einen heimatverbundenen Baustil mit Sichtfachwerk, Natursteinsockel und graublauen Schieferflächen.

Der Bahnübergang von der anderen Seite mit einem Personenzug in Richtung Hof-Steinach. Die Landschaftsgestaltung der Anlage richtete sich weitestgehend nach den tatsächlichen Gegebenheiten der Strecke.

Eine V 80 brummt mit einem Nahverkehrszug durch den Wald bei Mödlitz und wird in Kürze auch die Station erreicht haben. Aber Vorsicht: Nur Andreaskreuze sichern den Bahnübergang für den Feldweg mitten im Wald.

Ein VT 98 nähert sich von rechts dem Bf Mödlitz. Die Ortschaft ist mittels weniger Häuser lediglich angedeutet.

Die V 80 hat mit dem Personenzug den Bf Hof-Steinach verlassen und passiert den Ortsausgang.

Infolge der Zonengrenze wurde die Bahn nach 1945 zwischen Fürth am Berg und Neustadt unterbrochen. Der Streckenabschnitt über Heubisch-Mupperg lag nun in der Ostzone bzw. in der DDR. Die Züge der DB endeten in Fürth am Berg, während das kurze Teilstück Neustadt–Neustadt-Süd als Anschlussgleis liegenblieb.

Zum 1. Juni 1975 stellte die DB den Personenverkehr ein. Bis Hof-Steinach gab es noch für einige Jahre Güterzugdienst, bis Fürth am Berg vereinzelte Überführungen, die aber 1986 endeten. Der Güterverkehr auf dem verbliebenen, 17,8 km langen Teilstück bis Hof-Steinach endete am 31. Mai 1992. Heute sind sämtliche Gleisanlagen verschwunden; die Steinachtalbahn ist Geschichte.

Die Steinachtalbahn im Modell

Nachdem sich der Verein von einer älteren Anlage zum Thema Stein-achtalbahn im Mittelleiter-Wechselstromsystem getrennt hatte, begann im Jahre 2000 der Bau der hier gezeigten H0-Modulanlage im Zwei-leiter-Gleichstromsystem. Das Ziel bestand darin, die Anlage möglichst platzsparend zunächst in U-Form zu bauen, spätere Erweiterungen mit zusätzlichen Segmenten aber nicht auszuschließen.

Der Systemwechsel ermöglichte die Verwendung wesentlich feinerer Schienenprofile mit den Nachbildungen der auf der „originalen" Stein-achtalbahn fast durchgängig verwendeten Stahlschwellen. Eine Ausnahme bildete nur der Bahnhof Fürth am Berg, wo Holzschwellen lagen. Auf der Modulanlage kam konsequent das Pilz-Elite-Gleis von Tillig zum Einsatz. Auch im Hinblick auf den Gebäudemodellbau wurden (im Vergleich zur alten Anlage) erhebliche Fortschritte möglich. So entstanden die Empfangsgebäude und Güterschuppen in vollständigem Eigenbau und geben deshalb ihre Vorbilder exakt wieder.

Auch die Gleisanlagen wurden originalgetreu nachempfunden. Einschränkungen gab es lediglich bei den Gleislängen, hier ging es nicht ohne Kürzungen ab. Die Gestaltung der freien Strecke erfolgte großzügig. Typische Vorbildsituationen wie Einschnitte, Brücken und Bahnübergänge sowie der Verlauf von Bächen konnten weitgehend nachgebildet werden. Um epochengerecht zu sein, durfte natürlich auch die „Modellierung" der deutsch-deutschen Grenze nicht außen vor bleiben.

Gefahren wird digital mit der Lokmaus 2 von Roco. Zum Einsatz kommen Lokomotiven und Zuggarnituren der Epoche III und der frühen Epoche IV, mithin die Baureihen 64, 86, V 80, V 100 und der VT 98 – alles Fahrzeuge, die seinerzeit den Betriebsalltag auf der Steinachtalbahn bestimmten.

Das respektable Empfangsgebäude von Hof-Steinach entstand ebenfalls im Selbstbau. Dies ist übrigens derzeit der größte Bahnhof der Modulanlage.

Die Ortschaft Hof-Steinach wurde mit wenigen Häusern angedeutet, hinter deren Dächern die Bahnstrecke in einem großen Bogen verläuft.

Auch das Empfangsgebäude von Fürth am Berg ist bestens gelungen. Bemerkenswert ist die räumliche Großzügigkeit der Gleisanlagen im Modell.

Anlagen-Steckbrief	
Nenngröße:	H0
Baumaßstab:	1:87
Anlagengröße:	13 Module zu je 2,00 x 0,80 m
Thema:	Nebenbahn in Oberfranken
Rollmaterial:	Roco, Trix, Fleischmann, Brawa
Gleismaterial:	Pilz-Elite (Tillig)
Epoche:	III/IV

Endstation in Fürth am Berg – diesen Status erhielt der Bahnhof durch den „Eisernen Vorhang". Auch wenn die Darstellung der DDR-Grenze mit Wachtturm und Todesstreifen auf manche Betrachter der Anlage mitunter beklemmend wirkt – so war es nun einmal für viele Jahrzehnte. Das Streckenende in Fürth am Berg befand sich direkt an den Sperranlagen. Beim Rangieren kamen die Loks wie hier die BR 64 oft unmittelbar vor dem Grenzzaun zu stehen.

Die Anlage besteht aus 13 ausgestalteten Segmenten (je 200 x 80 cm), von denen derzeit zehn fertiggestellt sind. Dazu kommen drei weitere Module mit dem Abstellbahnhof. Die Streckenlänge beträgt ca. 20 Meter; bei dem hier gezeigten Aufbau misst die Anlage 11 m in der Länge und 4 m in der Breite.

Von Mödlitz nach Fürth am Berg …

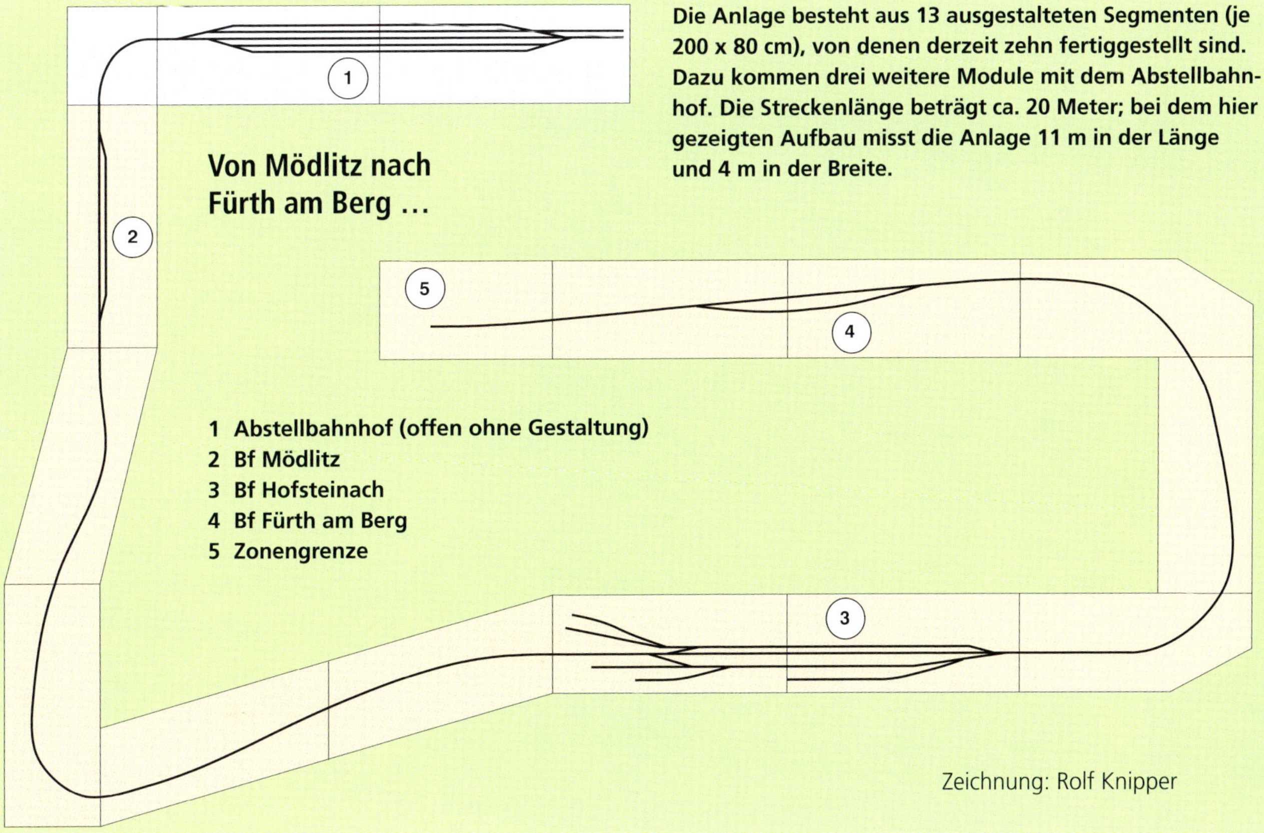

1 Abstellbahnhof (offen ohne Gestaltung)
2 Bf Mödlitz
3 Bf Hofsteinach
4 Bf Fürth am Berg
5 Zonengrenze

Zeichnung: Rolf Knipper

2m

1:22,5

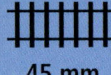

45 mm

Rhätisch durch die Brandenburger Mark

Anfang der 90er-Jahre hatte der HO-Modell- und 1:1-Feldbahner Günter Wermke auf einer Publikumsmesse die Modellfeldbahnen von Baumann entdeckt. Allerdings waren die Modelle unerschwinglich und die Alternative, Modelle von Regner, stand seinerzeit wegen Lieferschwierigkeiten nicht zur Verfügung. Stattdessen erwarb Günter Wermke bei günstiger Gelegenheit eine LGB-Startpackung, bestehend aus Diesellokomotive und Kranwagen.

Gemeinsam mit Freunden machte er sich alsbald daran, angefallenen Erdaushub im Garten zu einem Plateau auszubauen, um eine Aktionsfläche zu schaffen. (Heute befindet sich der Bahnhof Filisur auf dieser Fläche.) Die Freunde, wohnhaft im Westteil der Stadt, waren froh, einmal ohne Platzbeschränkung ihr Hobby praktizieren zu können und brachten für die Dauer der Besuche sowohl Gleis- als auch rollendes Material mit. Darauf ließ sich Wermke gern ein, sodass die befestigte Trassenlänge allmählich wuchs.

Der Gleisbau

Auf eine solide Trasse legt Wermke großen Wert, denn Kiesbettungen haben sich bei ihm nicht bewährt. Stattdessen wurden entlang der Strecke 15 cm hohe Aluminiumbleche an beiden Seiten in das Erdreich gesteckt, teilweise sogar miteinander und im Erdreich verankert. Nach dem Auslegen der Schienen hatte man Spaß daran, mit Bauzügen – gebildet aus LGB-Fahrzeugen – Straßensplitt als Gleisschotter auf der Strecke zu

Fast wie in den Alpen: Der RhB-Triebwagen verlässt den Tunnel des „Brandenburgischen Zentralmassivs".
Der RhB-Oldtimerzug durchfährt den Bergeinschnitt.

Fotos: Rainer Ippen

verteilen. Natürlich wurde „standesgemäß" vor dem Umladen der Splitt mit der Feldbahn von der Eingangspforte zur Gartenbahn geschafft.

Der Fahrzeugpark

Inzwischen wuchs Wermkes eigener Gartenbahn-Fahrzeugpark an. Dazu verkaufte er nach und nach seine H0-Sammlung. Als besondere Überraschung schenkte ihm die Famlie, die zusammengelegt hatte, zum 60. Geburtstag ein RhB-Krokodil. Nach Reisen zu und mit den schweizerischen Eisenbahnen entschied sich Wermke, nur noch Fahrzeuge nach rhätischen Vorbildern einzusetzen, zumal ihm diese betriebssicherer erschienen. Nur die Fahrzeuge von Ehefrau Rose-Marie durften bleiben, alle anderen wurden aussortiert und verkauft. (So kommt es hin und wieder vor, dass mal eine Straßenbahn oder das Schweineschnäuzchen zwischen RhB-Fahrzeugen verkehrt.)

Bergiges Terrain

Mit dem Wechsel zu den Schweizer Fahrzeugen entstand der Wunsch, die Trasse durch bergiges Land zu führen. Wermke verband das Praktische mit dem Nützlichen und häufte gerodete Baumstubben an. Diese bedeckte er mit Erdaushub – schon waren die brandenburgischen Modellalpen fertig.

Es folgten Trassenbau und Bepflanzung. Alsbald expandierte die Strecke abermals in die „Heide", die inzwischen zu einer Rasenfläche geworden ist, teilweise sogar mit zweigleisiger Streckenführung. Die Gleisgesamtlänge beträgt heute 121 m. Auch wurde ein 16 m langes Anschlussgleis bis zum Werkstattschuppen verlegt, sodass die Züge komfortabel und vor widriger Witterung geschützt aufgegleist bzw. verpackt werden können.

Die elektrische Anlage ist schlicht gehalten. Günter Wermke hat sie in drei Abschnitte geteilt und, wie er es

seit eh und je gewohnt ist, als einfach zu überschauende A-Schaltung verdrahtet. Es kommen ausschließlich doppelpolige Kippschalter aus den Fünfzigerjahren zum Einsatz. Damit ist er zufrieden und die Anlage funktioniert. Die Kabel bleiben ganzjährig in wartungsfreundlichen Kanälen und Schächten im Boden. Die Bedienung ist ebenfalls einfach, denn Gastfahrer wie Kinderbesuch sollen mit dem System spielend zurechtkommen. Besonders beliebt sind sommerliche Nachtfahrten, wenn nur die Gartenbahnfahrzeuge und ein paar Glühwürmchen für Licht sorgen.

Für die Gebäudemodelle bedienten sich die Wermkes stilgerechter Angebote der Industrie. Zur Ausschmückung stehen allerlei Figuren und Beiwerk bereit. Auch fehlen keine Straßenfahrzeuge. Wermkes empfehlen, mit etwas Umsicht die Handelsangebote zu prüfen, denn manch passendes (Spiel-)Modell ist günstig zu bekommen.

Die Namen der Bahnhöfe sind weniger der Authentizität wegen gewählt. Vielmehr sind sie ausgesucht, weil sie gefielen; wahrscheinlich aber auch, weil die Wermkes mit ihnen angenehme Reiseerlebnisse verbinden.

Lage am Waldrand

Da der Garten am Rande eines Kiefernwaldes gelegen ist, sind Nadeln und Kienäpfel ganzjährig allgegenwärtig. Als hilfreich hat sich der umgebaute Kranwagen aus der Startpackung erwiesen. Seitdem er mit Räumschild, Bürsten (von einer Messingdrahtbürste stammend) und Schienenreinigungsgummis ausgestattet ist, verrichtet er als Hilfszug gute Dienste. Größere Kienäpfelberge müssen aber traditionell von Hand beseitigt werden.

Beim Gleisbau hat Günter Wermke nicht nur Industriematerial verwendet. Mit berechtigtem Stolz führt er die doppelte Gleisverbindung vor. Aus Kostengründen hat er zudem nicht benötigte Bogengleise zerlegt, die Schwellenroste flexibel gemacht und die Schienen umgeschmiedet, um Gleisstücke mit größerem Radius zu erhalten.

Sicherer Betrieb

Solide Strecken mit weiten Radien in Gleisbögen, betriebssichere Elektrik und saubere Schienen sind die Voraussetzungen für sicheren Freilandbetrieb. Da dies erfüllt ist, kann Wermke seine Lieblingszüge bilden:

180°-Übersicht von der Terrasse aus aufgenommen

Der Rangiertraktor rangiert den selbstgebauten Kesselwagen zur Entladung. Der Tanklastzug steht schon bereit.

Der Streckenwärter verlässt mit dem Schienenmoped die große Bogenbrücke.

Gleisplan der ca. 27 x 17 m großen Freilandanlage mit 121 m Gleislänge und benachbarter 1:1-Feldbahn

Map labels: Pult · Bhf Felisur · Feldbahn-Lokschuppen · Bungalow · Terrasse · zum Schuppen · Gartenweg · Rasen · Fabrik · Bhf Scoul · Bhf Alpspitz · Tanklager · Bhf Muot · Bergkapelle · Bauernhof · Bhf Susch

Es verkehrt anstandslos ein geschobener RhB-Zug, der aus sechs Wagen besteht; dieser Zug ist etwa 4 m lang! Um Zugtrennungen vorzubeugen, empfiehlt Günter Wermke, stets den optionalen Kupplungshaken an der zweiten Wagenhälfte anzubringen, auch wenn sich die Wagen dann nicht mehr ohne weiteres im Originalkarton verpacken lassen.

Schweizer Bahnen sind überwiegend elektrisch betrieben. Auf die Darstellung der Oberleitung verzichtet Wermke allerdings. Dennoch fahren die Elloks mit hochgestellten Stromabnehmern. Zu deren Schutz sind an einigen Brücken Bleche angebracht,

die sie bei der Durchfahrt sanft herunterdrücken. Auch im Fahrzeugpark gibt es Eigenbauten: Der Wermke'sche Kesselwagenzug ist sehenswert, denn die vier Modelle sind maßstäblich. Sie entstanden nach Skizzen in der Fachliteratur, kurz bevor sie von Lehmann auf den Markt gebracht wurden. Mangels Fotografien wurde sogar vor Ort nach den RhB-Wagen recherchiert, allerdings vergeblich, denn sie waren seinerzeit schon außer Betrieb genommen. Doch im Modell sind sie weiterhin im Einsatz – sehr zur Freude der Gartenbahnfans, die zu den Betriebswochenenden immer wieder gern erscheinen.

Anlagen-Steckbrief

Nenngröße:	2m
Baumaßstab:	1:22,5
Anlagengröße:	Gartenbahn auf 27 x 17 m
Thema:	Rhätische Bahn mit den Bahnhöfen Filisur, Alpspitz, Muot, Scoul
Rollmaterial:	LGB, Eigenbauten
Gleismaterial:	LGB
Epoche:	III

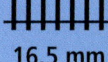
Das Wunderland von Hamburg

Es hieße Eulen nach Athen tragen, wollte man an dieser Stelle versuchen, die riesige Hamburger Modellbahnschau angemessen zu würdigen; der Platz würde auch bei einem noch so umfangreichen Buch nicht reichen. Der hier nur mögliche Überblick soll deshalb vor allem der Orientierung dienen.

Ein Rundgang ...

... durch das Miniatur-Wunderland in der Hamburger Speicherstadt sollte daher der geografischen Logik halber in Süddeutschland, mithin in den Miniatur-Alpen mit ihren spektakulären Eisenbahnkunstbauten, ihren Riesenviadukten und den gewaltigen Stahlbrücken für die Eisenbahn beginnen.

Staunend bewundert der Besucher dort die gewaltigen, verschneiten Alpengipfel mit den verschiedensten Berg- und Seilbahnen, das im Modell weltweit sicher einmalige Wasserkraftwerk nach dem Pumpspeicherprinzip, die ausgedehnten Gleisanlagen des Alpental-Bahnhofs St. Wendel, den Schiffsanleger an einem See, der dem Bodensee (oder etwa dem Chiemsee?) recht nahe kommt, und schließlich die Zahnradbahn hinauf zum Kitzstein.

Wer wissen möchte, wie es darunter ausschaut, wird sogar Einblick in die Gleiswendel-Anlage unterhalb des Wendelbergs erhalten. Von dort aus geht es weiter in den Ausstellungsraum gleich gegenüber, wo die Modellstadt ...

Im Mittelteil der Alpenanlage dominiert der Bahnhof St. Wendel, der mit umfangreichen Gleisanlagen einen wichtigen Anschlussbahnhof an der zweigleisigen Alpenmagistrale darstellt.

Seit sechs Jahren müht sich der Klettermaxe die steile Wand hinauf, ohne auch nur einen Millimeter voranzukommen: Er lebt halt das unvermeidliche Schicksal eines Preiserleins aus!

Die ausgedehnten Bahnanlagen und die zahlreichen Industriebetriebe Knuffingens machten schon vor Jahrzehnten den Bau einer großen Feuerwache erforderlich. Die Modellfahrzeuge der Feuerwehr können tatsächlich ausrücken und mit Blaulicht zu ihrem Einsatzort (meist das Schloss Löwenstein) eilen. Möglich wurde das auf der Basis eines Car-Systems, das mit Hard- und Software in den Autos und ihrer PC-Steuerung eine Eigenentwicklung verkörpert, die wesentlich auf Gerrit Braun zurückgeht.

Knuffingen bei Tag (rechts) und nach Einbruch der Dunkelheit (unten): Der Knuffinger Markt gleich neben dem neogotischen Rathaus scheint ein sehr lukrativer Ort zu sein, denn selbst in den späten Abendstunden sorgt er noch immer für reges Leben und Treiben.

Knuffingen …

… im Mittelpunkt aller Bewunderung stehen dürfte. Die Stadt hat nicht nur den riesigen Bahnhof eines Eisenbahnknotens zu bieten, sondern wartet bei eingetretener Dunkelheit mit 30 000 leuchtenden Lämpchen auf. Im Knoten beginnen, enden bzw. kreuzen sich drei zweigleisige Hauptstrecken und drei eingleisige Nebenbahnen. Es gibt ein großes Bahnbetriebswerk, ein Stück Autobahn mit regem Verkehr und eine riesige Feuerwache, wo regelmäßig Löschzüge unter großem Tatütata ausrücken müssen, weil es auf Schloss Löwenstein südlich von Knuffingen immer mal wieder brennt.

Verschiedene Eisenbahnkunst- und andere Bauten, darunter die bekannte Illertalbrücke von Lautrach bei Kempten, lassen den Schluss zu, dass sich der Besucher noch immer in Süddeutschland aufhält. Bewegt er sich von Knuffingen aus in nördlicher Richtung weiter, gelangt er im nächsten Raum in eine romantische …

Mittelgebirgslandschaft …

… mit eher sanften Bergen, Tälern, Wäldern und Wiesen, einer trutzigen Burg und einem heroischen Heldendenkmal, das ganz sicher dem Vorbild des Arminius-Denkmals im Teutoburger-Wald nachempfunden wurde und selbst bei Besuchern aus der Neuen Welt nun wirklich keinerlei Zweifel mehr aufkommen lässt, dass sich der Betrachter in Old Germany bewegt.

Obwohl dieser Anlagenteil einst als „Harz" gedacht war, spiegelt er natürlich wesentlich mehr wider als nur Deutschlands nördlichstes Mittelgebirge. Hier ist nämlich bereits zusammengewachsen, was (nach einem bekannten Zitat) zusammengehört: So gibt es die (thüringisch klingende) Stadt „Schwarzburg", oberhalb der sich „Rothenbach", eine Rothenburg ob der Tauber erstaunlich ähnliche Modellstadt, befindet. Man sieht das echt bayerisch anmutende Kloster zu Klosterberg und die weltgrößte Kuckucksuhr, deren Vorbild bekanntlich im Schwarzwald zu finden ist.

Und die Eisenbahn? Die brilliert neben „alten" Trassen mit einer großzügig angelegten ICE-Strecke, einer ebenso neuen, zweigleisigen Hauptbahn und sogar einer schmalspurigen Kleinbahn, auf der Dampfloks verkehren, die von der stillgelegten Spreewaldbahn stammen. Doch so eindrucksvoll und ideenreich sich all dies auch präsentiert – es wird bereits im nächsten Raum von der Modellstadt …

In der Mittelgebirgslandschaft überragt das Denkmal von Hermann dem Cherusker die Hügel ebenso wie das Original den Teutoburger Wald.

Historie und Moderne dicht nebeneinander: Unterhalb des Klosters „Klosterberg" durcheilt der ICE die Landschaft.

Zur weltgrößten H0-Anlage gehört natürlich auch die weltgrößte Kuckucksuhr. Das Vorbild des Faller-Modells steht in Schonach im Schwarzwald, an den auch die Steinbogenbrücke samt Zug erinnert.

Hamburg …

übertroffen. Hamburg hat bekanntlich nicht nur Häfen und Schiffe zu bieten, sondern auch ein riesiges Eisenbahnnetz aus zusammenlaufenden Fernstrecken. Markante Motive dieser Eisenbahnmetropole ins Modell umzusetzen stellte eine gewaltige Herausforderung dar.

Die Erbauer des Miniatur-Wunderlands haben sich dieser Herausforderung gestellt und präsentieren dem Besucher die Wahrzeichen dieser Stadt: den als „Michel" bekannten Turm der Hamburger Hauptkirche St. Michael, die echt riesige Köhlbrandbrücke, einen Teil des Hamburger Tierparks Hagenbeck, die Hamburger AOL-Arena, die Landungsbrücken und natürlich den Hafen – um nur einige der vielen Szenerien zu nennen.

Gleich um die Ecke wird der Besucher an die Küste des Wattenmeers geführt. Hier erlebt er neben „hörbarer" Stille eine sichtbare Sturmflut vor der Deichlandschaft. Danach hat der Besucher die Wahl: entweder lustwandelt er in den nächsten Ausstellungsraum und damit erst mal nach Dänemark, oder er wendet sich um 180° und steht – man lese und staune – vor den Vereinigten Staaten von Nordamerika, also davor, was die Wunderländer als …

Zwei Hamburger Wahrzeichen, die im Miniatur-Wunderland nicht fehlen durften: Oben das im Jugendstil erbaute Eingangsportal des berühmten Tierparks Hagenbeck und im Foto links *das* Hamburger Wahrzeichen schlechthin, der „Michel", Aussichtsturm der Hamburger Hauptkirche St. Michael.

Fotos: Andreas Stirl

Durch ihre Größe passt sie wohl in kein Foto – Ihre Majestät die Hamburger Köhlbrandbrücke ist ein Bauwerk, das alles im Maßstab 1:87 bisher Dagewesene übertrifft. Das Modell entstand in sechsmonatiger Bauzeit unter den geschickten Händen des Intarsienschreiners Gaston Burkhardt.

Eisenbahn in den USA …

… deklarieren. Um es vorwegzunehmen: Wer immer aus den Staaten kam und sah, was ihm da als USA präsentiert wurde, war begeistert, denn das Miniatur-Wunderland bedient so ziemlich alle Vorstellungen von der Eisenbahn im Land der unbegrenzten Möglichkeiten: Man staunt über abenteuerliche Gebirgstäler, über alte Goldgräbersiedlungen und neue Highways, über die legendären F-7-Dieselloks in Mehrfachtraktion und uralte Three-Truck-Shays auf den wackligen Gleisen romantischer Waldbahnen. Der Besucher taucht ein in die bizarre Welt des Grand Canyon (der von Eisenbahnbrücken überquert wird!) und die Szenerie alter Pueblo-Dörfer.

Selbstverständlich fehlt Mount Rushmore nicht, und nicht Cape Canaveral samt Spaceshuttle. Weder Miami Beach noch die Everglades und Key West muss man lange su-

chen. Das Ganze gibts auch bei Dunkelheit zu bewundern, wenn das typisch amerikanische Lichtermeer für spektakuläre Illumination sorgt.

Auf den Höhepunkt seines Staunens gelangt, wer (ganz unvermutet) in der Wüstenstadt Las Vegas den guten alten deutschen ICE in Amtrak-Lackierung erspäht. Wie das geht? Ganz einfach: Die Wunderländer bauten einen transatlantischen Tunnel, durch den der ICE tatsächlich von Hamburg nach Las Vegas rollt! Da sage noch jemand, das Miniatur-Wunderland sei nicht voller Wunder!

An ein Wunder grenzt schlussendlich auch, was dem Besucher mit dem Anlagenteil …

Skandinavien …

… präsentiert wird. Hier sind es (natürlich neben der Eisenbahn) vor allem die riesigen Schiffe, die auf echtem Wasser das Nordmeer befahren, ablegen und anlegen wie von

Klarer Fall: Diese Szenerie stammt aus den Black Hills, worauf die berühmten „Promi-Köpfe" des Mt. Rushmore mehr als deutlich hinweisen. Die in den Berg gemeißelten Häupter besonders verdienstvoller US-Präsidenten sind längst zu Ikonen des durchschnittlichen US-Amerikaners geworden. Etwas geschummelt haben die Wunderländer in Sachen Eisenbahn: Die „wirkliche" Museumsbahn „Black Hills Central Railroad" verläuft zwar in Sichtweite des Mt. Rushmore, allerdings nicht unterhalb der Steinköpfe, sondern auf der anderen Seite des Berges. Besuchern aus den Staaten gefällts dennoch.

Geisterhand gesteuert. Dass hinter und manchmal auch vor den Kulissen, inmitten dicker Besuchertrauben, die „Kapitäne" dieser Schiffe mit Funkfernsteuergeräten für den richtigen Kurs sorgen, will vielen nicht so recht eingehen.

Freilich erforderten Planung, Bau

Die ausgedehnten Gleis- und gewaltigen Industrieanlagen des schwedischen Erzzentrums Kiruna gehören zu den eindrucksvollsten Szenerien des Hamburger Miniatur-Wunderlandes überhaupt. Beim Bau dieses Anlagenteils ging es nicht nur darum, eine große Industrieanlage anzudeuten, sondern vielmehr darum, einen möglichst hohen Wiedererkennungswert zu sichern. Das brachte die Ausstellungsmacher auf die Idee, das Erzzentrum in frostiger Atmosphäre und tief verschneit darzustellen, was in der Modellbahnwelt bislang einmalig sein dürfte.

und Darstellung dieses Anlagenteils ein völlig neues Herangehen, das so ziemlich alle konventionellen Vorstellungen von Modellbahn sprengte. Ob das schwedische Erzzentrum Kiruna mit seinen ausgedehnten Bahn- und Bergbauanlagen aber der interessanteste Teil der Anlage ist, mag von den

Vorlieben des Einzelnen abhängen.

Viel wichtiger erscheint nämlich, dass (als eine Art Synergieeffekt) hier geografisches, historisches, wirtschaftliches und selbst geologisches Wissen vermittelt wird. Manch einem jugendlichen Betrachter dürfte sich die eindrucksvolle Szenerie in Verbindung mit dem Wissen um Bedeutung und Gründe des Gesehenen fest einprägen, möglicherweise tiefer, als dies ein Schulbuch bewirken könnte. Wer es dagegen romantisch mag, kommt mit der Darstellung Dänemarks und seiner Eisenbahn (und u.a. Schloss Eggeskov) ebenso auf seine Kosten wie bei der Betrachtung der „Villa Kunterbunt" samt Bewohnern.

Denn was wäre das Miniatur-Wunderland ohne die Verschmelzung von Realität und Fantasie? Je weiter man sich in die vielen Details vertieft, desto mehr wundert (und freut) man sich über den Mut, das alles darzustellen. So etwas kann halt nur ein Miniatur-Wunderland.

Anlagen-Steckbrief

Nenngröße:	H0
Baumaßstab:	1:87
Anlagengröße:	900 m² (Stand Mitte 2007)
Thema:	Eisenbahn in Deutschland, in den USA und Skandinavien
Rollmaterial:	Märklin, Fleischmann, Roco, Tillig, Bachmann, Liliput, u.v.a.
Gleismaterial:	Märklin, Roco, Tillig
Epochen:	III-V
Geöffnet:	365 Tage im Jahr!
Weitere Infos:	www.miniatur-wunderland.de

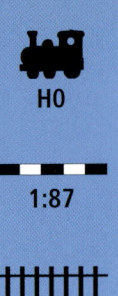

Die Holzfällerbahn

Eigentlich war dieses Betriebsdiorama ja als Erweiterung einer bereits bestehenden Waldbahn-Anlage gedacht, doch erwies sich das neue Teilstück als rangierintensive Modellbahn, die sich auch völlig selbständig betreiben lässt. Bau, Ausgestaltung und Detaillierung gerieten dem Erbauer derart perfekt, dass ihn die Jury der Messeveranstaltung „Faszination Modellbau" 2003 in Sinsheim mit einem 1. Preis im Wettbewerb der Privatanlagen bedachte.

Hans-Heinrich Schubert, seit Jahren als Erbauer preisgekrönter Dioramen in der Baugröße H0 bekannt, bezeichnet sein kleines, aber gelungenes Werk bescheiden als „Teilstück", mit dem er angebliche Mängel beheben wollte, die sich auf Ausstellungen der Vorgängeranlage eingestellt hätten.

Was der Meister mit „Mängeln" meinte, bezog sich indes nur auf betriebliche Möglichkeiten. Im Hinblick auf seine Anlage dachte er sich deshalb eine Hintergrundgeschichte aus, die zum Bau- und Gestaltungsmotiv wurde. Im Mittelpunkt steht der Endbahnhof einer US-amerikanischen Waldbahn. Die hier eingesetzten Waldbahnloks befördern Güterzüge, deren Wagen entladen werden müssen.

Überdies sollte eine Möglichkeit bestehen, die Loks zu drehen, um den Betrachtern das nur einseitige Triebwerk einer Shay-Lok demonstrieren zu können. Nicht zuletzt war eine Lokomotive mit Kohlefeuerung versehen, was natürlich Anlagen zu ihrer Restaurierung erforderlich machte.

Bau und Ausstattung

Zunächst entstand ein 1,65 m x 0,6 m großer, stabiler Holzrahmen, der mit einer 10 mm dicken Sperrholzplatte belegt ist. Darauf wurde vollflächig eine 10-mm-Styrodurplatte geklebt, um die Fahrgeräusche zu minimieren

und ohne großen Aufwand verschiedene Vertiefungen ins Gelände einarbeiten zu können. Auf diesen Unterbau wurde der bereits vor Jahren angefertigte, auf Ausstellungen leider nur wenig beachtete Lokschuppen platziert, ferner eine Drehscheibe, ein Holzlager mit der dazugehörigen Holzverladung, eine einfache Bekohlungsanlage und ein Holzspalter zur Verarbeitung des benötigten Brennholzes der Waldbahnlok. Dass diese Einrichtungen sich auch bewegen sollten, war selbstverständlich.

Um Loks und Wagen umsetzen zu können, wurden vier Roco-Line-Weichen platziert und mit Code-70-Selbstbaugleis von Hobby-Ecke Schumacher verbunden. Vier Trennstellen dienen dem stromlosen Abstellen von Lokomotiven. Der ankommende, beladene Holzzug, bespannt mit den typischen Lokomotivkonstruktionen Shay, Climax oder Heisler, wird vor dem Ladekran abgestellt.

Stammweise erfolgt das Umladen mit 180°-Drehung auf die Rungenwagen, die am Kohlegleis warten. Der Ladekran ist mit beweglichem Ausleger und Hubwerk der Lasttraverse versehen, das Schwenken erfolgt mittels Seilzug. Die beladenen Waggons zieht eine 2-4-4-2 Waldbahn-Mallet (1'B'B1), ein selbstgealtertes Messing-Handarbeitsmodell, in einem längeren Rungenwagenzug durch das Felsportal zu den größeren Sägewerken „ganz weit hinten". Durch das waggonweise Anstellen sind umfangreiche Rangierbewegungen nötig – auf Ausstellungen hat Hans-Heinrich Schubert also viel zu tun.

Jede Menge alter Technik

Die Waldbahnloks werden mittels Drehscheibe gewendet und im Schuppen (mit Inneneinrichtung!) abgestellt. Eine bereits restaurierte Lok zieht die leeren Wagen wieder zurück

Neben Shay-, Climax- und Heisler-Lokomotiven setzt der Erbauer auch einen Zweikuppler in Camelback-Bauweise ein. Im Hintergrund die Riesen-Baumscheibe.

Der Ladekran (Derrick), mit dem die Holzstämme abgeladen werden.

Auf der Drehscheibe wird gerade eine Heisler-Lok gedreht, vor dem Lokschuppen wartet die Camelback-Lokomotive.

Anlagen-Steckbrief	
Nenngröße:	H0
Baumaßstab:	1:87
Anlagengröße:	1,70 m x 0,65 m
Thema:	historische US-Waldbahn
Rollmaterial:	Eigenbauten
Gleismaterial:	Roco, Hobby-Ecke Schumacher
Epoche:	I

Ein Teil der Inneneinrichtung des Lokschuppens mit Werkstatt

zur Beladung im Wald, was entweder per Seilbahn oder selbstgebautem, funktionsfähigem „Logging Loader" erfolgt. Die erwähnte Mallet-Lok wird über die kleine Ladeanlage mit Brennstoff versorgt, da sie noch eine längere Strecke mit hohen Zuglasten zurücklegen muss. Die Lore der Kohleverladung wird mittels Seilzug bewegt.

Der Holst-Dampftraktor dient zum Schleppen von großen Baumstämmen. Für die vorhandene elektrische Beleuchtung musste eine plausible Lösung gefunden werden. Eine Dampfmaschine (Bavaria-Bausatz) wurde mit Seuthe-Rauchgenerator versehen, die Kurbelwelle wird vom Windenhaus aus gedreht und treibt

über Transmissionsriemen einen Generator (Saller-Modell), der über Freileitung und Schalttafel (Weinert) mit einer Akkustation verbunden ist. So „entsteht" das elektrische Licht, das besonders bei verdunkelten Ausstellungsräumen für beachtliche Effekte sorgt.

Der Holzspalterantrieb funktioniert wie folgt: Ein Windrad fördert Wasser in den Hochbehälter. Über eine Rohrleitung und einen Hahn steht eine Wassersäule am Kolben des Holzspalters an, der mit seinem Keil das Balsarundholz von 2 bis 3 cm Länge spaltet. Die Modell-Bewegung erfolgt durch eine M3-Gewindespindel.

An einer Wegbaustelle ist ein Menck-Bagger über eine M2-Gewin-

despindel mit Permanentmagnet 25 cm verfahrbar. Die Drehscheibe wird durch ein hoch untersetztes Schneckengetriebe geschwenkt, am Grubenrand ist die Wäsche zum Trocknen aufgehängt; sie wird durch „Wind" bewegt. Für eine weitere „Waldbahnszene" sorgt die Baumscheibe des größten in dieser Gegend gefällten Baumes. Sie dient als Hintergrund für die Erinnerungsfotos der Waldarbeiter.

Für den Bau der Hochbauten wurden Holzleisten 2 x 2 mm und 1 x 3 mm (aus Linden- oder Kastanienholz) verwendet. Sämtliche Gebäude sind Eigenbauten; sie wurden mit Lasur oder mittels Spritzpistole gealtert.

Es bedeuten: 1 = Holzladekran, 2 = Kohleverladung mit Lorenbahn, 3 = Lokschuppen mit Inneneinrichtung, 4 = Windrad, 5 = Holzspalter, 6 = Fahrzeugwaage mit Wiegehaus, 7 = Fahrweg Bagger, 8 = Dampfmaschine zum Antrieb der Winden, 9 = Holzlager, 10 = Holzlagerverwaltung, 11 = „Watchtower" für Bahnübergang, 12 = Riesen-Baumscheibe, 13 = Drehscheibe

Gleisplan des neuen Waldbahn-Teilstücks

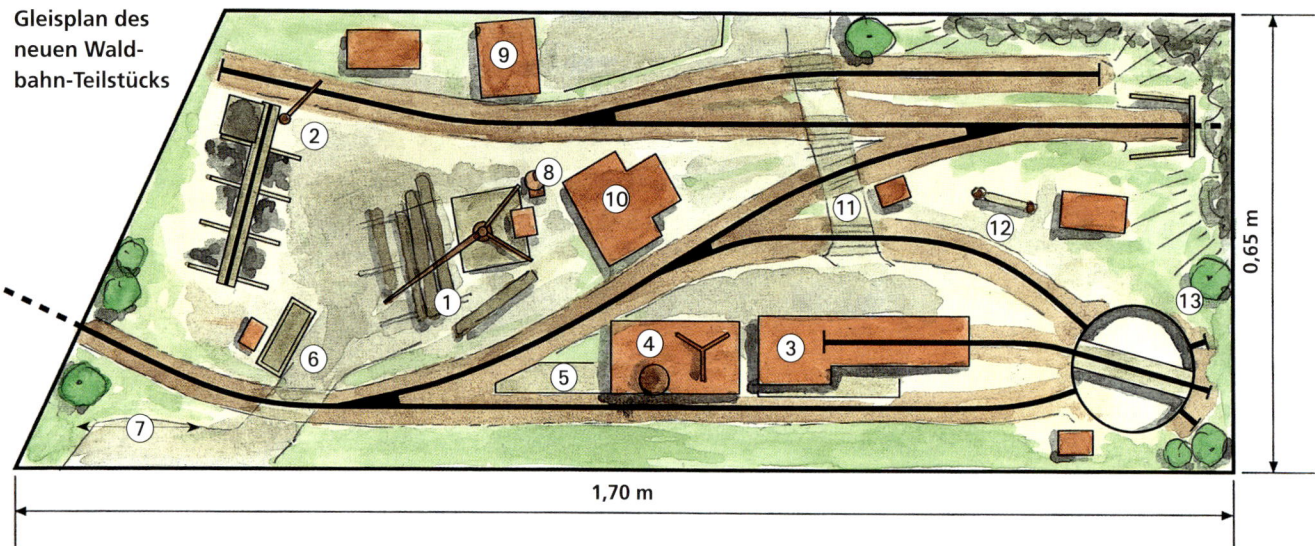

1:87

16,5 mm

Schwarzwaldbahn en miniature

Thomas Panzer wuchs an einer Bahnlinie auf. In seiner Kindheit sah er die damals brandneuen V 200, berühmt als Kultloks der Epoche III, täglich vorbeibrummen. Das prägte ihn. Zusammen mit seinem älteren Bruder widmete er sich dem Modellbahn-Hobby. Schon früh entwickelte sich dabei die Idee, eine öffentlich zugängliche Modellbahn-Großanlage zu bauen. Doch das Projekt scheiterte zunächst an der Finanzierung.

Der Berufsausbildung folgte ein Auslandsaufenthalt, und danach beschloss Thomas Panzer, sich selbständig zu machen – mit dem alten Ziel, eine öffentlich zugängliche Modellbahn zu bauen und zu betreiben. Diesmal ging er die Sache professionell an, rechnete das Projekt durch und erstellte einen Business-Plan, mit dem er die Bank überzeugen konnte. Die Halle, die er dazu fand, war ideal: Sie lag direkt gegenüber dem Bahnhof Hausach im Schwarzwald.

Anlagenthema

Der Bahnhof Hausach ist natürlich ein hervorragender Standort für eine

Die „Kultlok" der Bundesbahn, die V 200, tut natürlich auch im Modell Dienst auf der Schwarzwaldbahn.

Das Reichenbachviadukt in Hornberg befährt diese V 200 mit ihrem Epoche-III-Schnellzug.

Seite vorher: ein Motiv vom unteren Teil der Schwarzwald-Modellbahn

große Schauanlage mit der berühmten Schwarzwaldbahn als Motiv. Die romantische Gebirgsstrecke mit ihren zahlreichen Tunnels und Kehren hat schon viele Modellbahner zum Nachbau gereizt. Eine Heimanlage zu diesem Thema ermöglicht allerdings nur eine mehr oder minder verkürzte Wiedergabe des Originals. Im Hinblick auf die Halle in Hausach trat das Platzproblem zwar weitaus weniger in Erscheinung, doch trotz der immerhin verfügbaren, 400 Quadratmeter großen Grundfläche war selbst hier eine exakt maßstäbliche Umsetzung des gewählten Vorbilds ins Modell nicht möglich!

Um so wichtiger erschien es daher, schon bei der Planung den weitestgehend vorbildgerechten Nachbau der Bahnhöfe ohne Längenkompromisse

zu sichern. Die Strecken zwischen den Bahnhöfen wurden in Anlehnung an die Realität so konzipiert, dass sich beim Betrachter gewissermaßen zwingend der Eindruck weiter Täler und ausgedehnter Wälder einstellt. Da es sich bei der Schwarzwaldbahn um eine zweigleisige Hauptstrecke handelt, bot sich zur Trassenführung im Modell der berühmte „Hundeknochen" an. Da dieser freilich dem Besucher verborgen bleiben muss, lag es nahe, in die beiden Wendeschleifen je einen Schattenbahnhof einzufügen.

Streckenführung

Der Besucher sollte die Streckenführung der Schwarzwaldbahn von Hausach über Hornberg nach Triberg erleben. Innerhalb kurzer Zeit gelang

Im Bild oben zieht eine 44 einen Eilzug durch eines der Täler, im Hintergrund der Schwarzwald, der auch im Kleinen diesen Namen verdient.

Auch die Siebzigerjahre sind durch das Rollmaterial repräsentiert: Eine 111 befördert einen Schnellzug in blau-beiger Lackierung.

Man erkennt den Bahnhof Hausach, dem gegenüber die große Schauanlage untergebracht ist.

es Thomas Panzer, die Großanlage mit exakt diesem Motiv technisch zum Laufen zu bringen. Aber nicht nur das! Auch der optische Eindruck einer Schwarzwald-Landschaft ist geradezu überwältigend gelungen. Ausgehend vom unteren Schattenbahnhof führt die Strecke zum Bahnhof Hausach, wo eine eingleisige Stichbahn nach dem Vorbild der Strecke nach Freudenstadt abzweigt. Die Strecke selbst konnte freilich nur angedeutet werden – sie verschwindet nach kurzer Zeit hinter der Kulisse, wo sie in einem weiteren (dem dritten) Schattenbahnhof endet.

Die Hauptbahn beginnt zunächst als Flachlandstrecke, wobei der Halleneingang mittels zweier großer Gleiswendeltürme überfahren wird. Anschließend bewegt sich der Besucher in großzügig dimensionierten, leicht ansteigenden Korridoren an der Anlage entlang. Erster Zwischenbahnhof ist Hornberg. Von dort aus steigt die Bahntrasse kontinuierlich an. Nach einer der Rampe angemessenen Fahrzeit erreichen die Züge den Bahnhof Triberg mit seinem charakteristischen Empfangsgebäude.

Um den Eindruck erheblichen Höhengewinns zu vermitteln, befinden sich innerhalb der Tunnelstrecken Spiralkehren. Schließlich endet die dargestellte Strecke in einem Scheiteltunnel unter einer Hochebene. Nach weiteren Spiralkehren schließt sich der obere Schattenbahnhof an. Die Schattenbahnhöfe sind vom Publikum lediglich durch Glasscheiben getrennt und daher gut einsehbar.

Ursprünglich war Thomas Panzer Anhänger von Trix-Express, doch schon während der Schulzeit verlagerte sich sein Interesse zum Zweileiter-Gleichstromsystem. Nicht zuletzt deshalb fiel die Wahl auf das Gleismaterial von Roco. Auch die Fahrzeuge

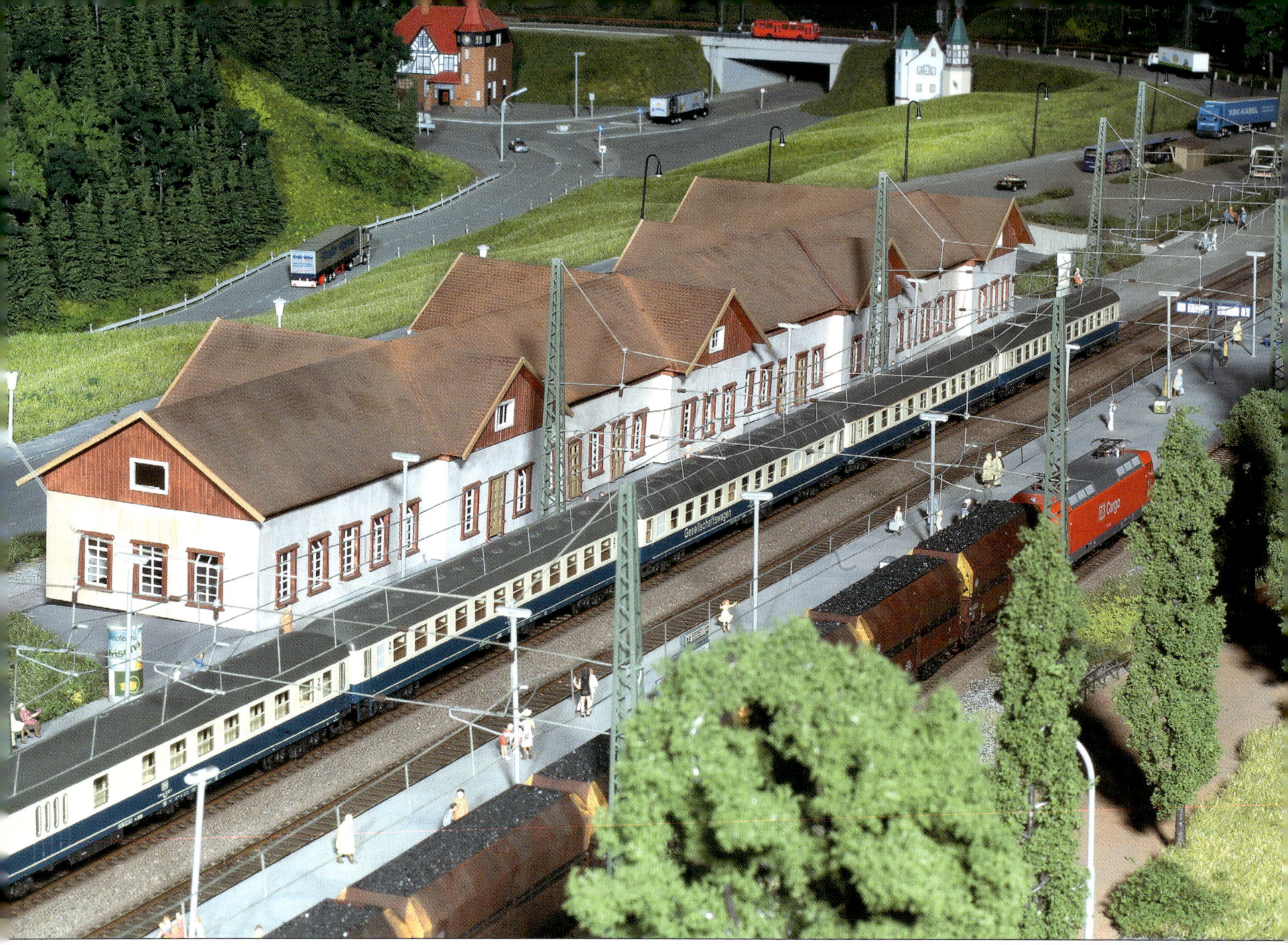

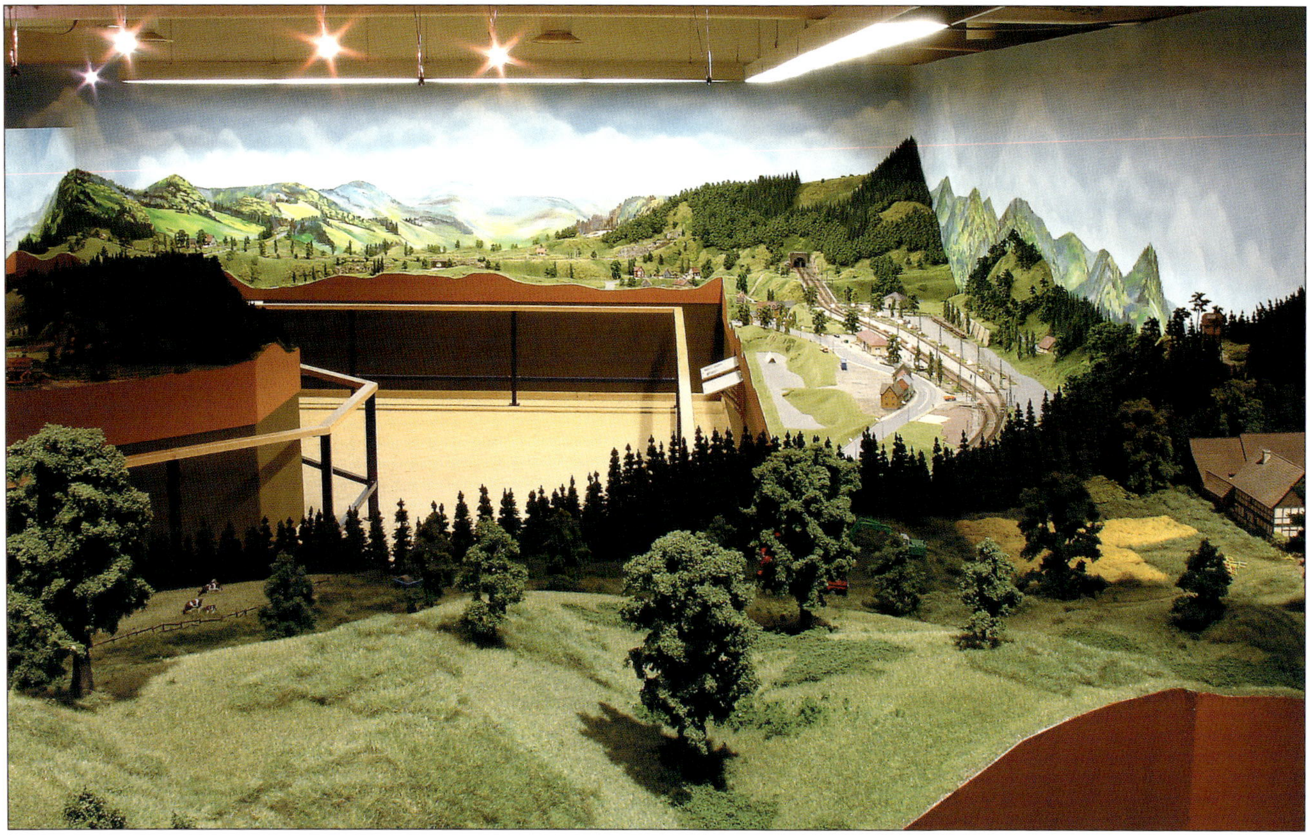

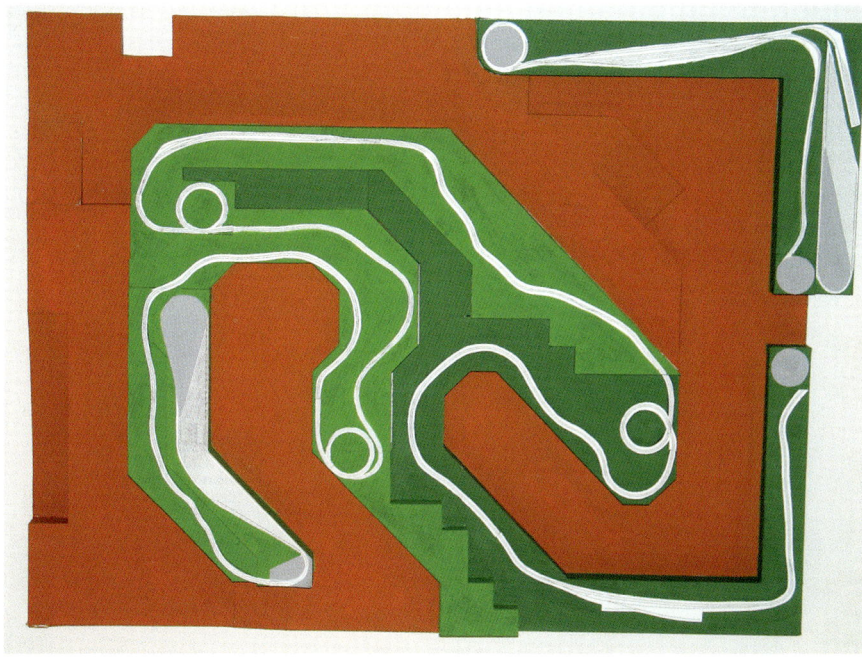

Schematisierte Streckenführung der Schwarzwald-Modellbahn

Der Bahnhof Triberg mit seinem unverwechselbaren, langgestreckten Empfangsgebäude. Man beachte auch die realistisch breiten Straßen!

Fotos: Martin v. Meyenburg

Ein Blick auf die weiträumige Anlage – der Besucher kann teilweise der Streckenführung (bzw. den Zügen) folgen.

Unten ein Beispiel für das Motto „Eisenbahn und Landschaft"

stammen mehrheitlich von Roco; sie haben sich im harten Dauerbetrieb ohne jegliche Änderungen hervorragend bewährt.

Gesteuert wird die Großanlage digital (Lenz) über PC; dazu wurde auf die Railware-Software von Dieter Hinz zurückgegriffen.

Betrieb

Im Regelbetrieb rollen 30 bis 40 Zuggarnituren über die Anlage. Sie legen je Betriebstag zwischen sieben und acht Kilometern zurück. Die Zugbildung entspricht weitestgehend dem Vorbild, wobei historische neben modernen Fahrzeugen unterwegs sind. Weil dem Publikum Einblick in das Geschehen auf der Schwarzwaldbahn in Vergangenheit und Gegenwart gewährt werden soll, unterblieb die Festlegung auf nur eine bestimmte Epoche.

Die technisch entsprechend „präparierte" Straße wird sich demnächst auf der Basis einer optimierten Betriebsversion des Faller-Car-Systems beleben. Ebenfalls in Vorbereitung befindet sich eine Steuerung für den Nachtbetrieb. Auch die faszinierende Gebirgslandschaft des Schwarzwalds wird ständig weiter detailliert und vervollkommnet. Bedenkt man, in welch kurzer Zeit Thomas Panzer das Projekt „durchgezogen" hat, so überrascht das hohe Maß an Harmonie, das diese Anlage ausstrahlt!

Anlagen-Steckbrief	
Nenngröße:	H0
Baumaßstab:	1:87
Anlagengröße:	ca. 400 m²
Thema:	Schwarzwaldbahn von Hausach bis Triberg
Rollmaterial:	Roco
Gleismaterial:	Roco
Epochen:	III-V
Öffnungszeiten:	Di – So 10–18 Uhr, Mo geschlossen
www.schwarzwald-modell-bahn.de	

Der realisierte
0-Traum

Träume
brauchen Zeit, wenn
sie realisiert werden sollen.
So zeigt sich der kleine Endbahnhof
im Vordergrund schon gestaltet, während das
große Bw im Hintergrund noch auf eine Durchgestal-
tung wartet. Zu beachten ist auch der Dachbalken, der die
durchgehende Gestaltung erschwert.

Die Wahl eines Anlagenthemas hängt von Wünschen und Zwängen ab. In der Baugröße 0 sind diese noch etwas anders gelagert als in H0. Detlev Neuhof rückte die Dampflok in den Vordergrund und konzentrierte sich bei seinem Traum auf die Darstellung von Bahnbetriebswerken.

Wie wohl viele „Nuller" gelangte auch er über die Baugröße H0 zur „Traumspur". 1981 kam er mit einem unmotorisierten RaiMo-Bausatz der T 3 in Kontakt. Schnell stand der Entschluss fest, aus diesem Bausatz ein Supermodell zu machen, was zum Leidwesen der Frau am Küchentisch auch gelang. Es folgten die BR 82, BR 05, BR 56 (ex. G 8.2) sowie eine BR 39.

Anlagenkonzept

Da sich beim Bau der vielen Lokomotiven auch eine spezielle Beziehung zu Bahnbetriebswerken entwickelt hatte, sollte das Thema Bw selbstverständlich Mittelpunkt der neuen Anlage sein. Des Weiteren sollten eine umlaufende Paradestrecke sowie eine kurze Nebenbahn, die hauptsächlich aus einem Endbahnhof besteht, für Fahrbetrieb sorgen. Zudem war noch ein kleines Bw mit Haltepunkt und Anschlussgleis eingeplant. So verfügt die Anlage über zwei Bws und einen Bahnhof.

Überblick über das kleine Bw mit dem kleinen Endbahnhof einer Stichstrecke. Alle Gleise münden in die kleine geschlossene Drehscheibe im Hintergrund ein, über die die beiden Gleise des Bws zu erreichen sind. Die Personenwagen stammen übrigens aus dem früheren Rivarossi-0-Programm und wurden vom Anlagenbetreiber gesupert. Die Kesselwagen gibt es bei 0-Scale-Models in den verschiedensten Ausführungen.

Das mittelgroße Bw ist mit einer 26-m-Drehscheibe ausgestattet, die von einem Ringlokschuppen zum Teil umsäumt wird. Ein Rechteckschuppen fand auch noch Platz auf der Bw-Fläche. Selbstverständlich ist das Bw mit den üblichen Ver- und Entsorgungseinrichtungen in der entsprechenden Dimension ausgestattet.

Das kleine Bw ist ein für Nebenstrecken typisches Bw. Auf einer kleinen, geschlossenen Drehscheibe können kurze Schlepp- und Tenderloks gedreht werden. Die Einrichtungen fallen entsprechend dem Bedarf kleinerer Loks aus. Aufwendig gestaltete Detlev Neuhof den einständigen Rechteckschuppen, der über einen angebauten Wasserturm verfügt. Schuppen und Anbau sind mit Inneneinrichtung versehen, wobei im Anbau eine komplett eingerichtete Schmiede untergebracht ist.

Der kleine Endbahnhof unterhalb des großen Bws dient hauptsächlich dem Personenverkehr. Die Gleise enden in einer Segmentdrehscheibe, die nicht nur Anlagenlänge einspart, sondern auch einen interessanten Spielbetrieb bietet. Richtiger Fahrspaß kommt auf, wenn zu zweit mit jeweils einem Stellpult Betrieb gemacht wird. Ein Dritter kann die Drehscheibe bedienen.

Aufbau der Anlage

Bei einer Anlagengröße von 890 x 500 cm konnte der umlaufenden Paradestrecke ein Radius von 230 cm spendiert werden. Der kleinste eingebaute Radius beträgt 170 cm.

Die Anlage besteht aus einzelnen Modulen, die passgenau von einem Tischler angefertigt wurden. Zur Verwendung kam nur mehrschichtiges

10 bis 16 mm starkes Sperrholz. Insgesamt wurden etwa 120 m OSM-Gleise, elf Peco-Weichen und sechs Bogenweichen (Eigenbau bzw. abgeänderte Hassler-Bausätze) eingebaut. Die Weichenantriebe stammen von der US-Firma Tortoise, sind einfach einzubauen, laufen leise und dem Vorbild entsprechend langsam, haben den erforderlichen Anpressdruck, sind technisch verlässlich und – eine lobenswerte Eigenschaft – sie sind bezahlbar.

Es wurde keine Geräuschdämmung unter den Gleisen verlegt. Im Nachhinein war es eine richtige Entscheidung, da bei diesem Anlagenkonzept ohnehin nicht schnell gefahren wird. Als Schotter kamen 35 kg graues Felsgranulat in der entsprechenden Größe zur Anwendung. Der Schotter ist nach der bewährten Methode „verklebt": zwei Drittel Wasser und ein Drittel Ponal mit ein oder zwei Tropfen Spülmittel. Anschließend wurden Gleis und Gleisbettung mit der Airbrush-Pistole auf rostig bis Graubraun getrimmt.

Für die Landschaftsgestaltung kamen Produkte von Woodland, Heki und Silhouette zum Einsatz, um nur einige zu nennen. Die verwendeten Verarbeitungsmethoden stammen aus der „H0-Welt". Etwas aufwendiger ist die überzeugende Gestaltung von Bäumen.

Gebäude

Die Gebäude sind entweder aus Leisten verschiedener Holzsorten in Ständerbauweise erstellt und danach mit Hekidur-Mauerplatten ausgefacht, oder die Wände wurden aus Sperrholz, alternativ auch aus Hartfaserplatten, mit der Säge ausgeschnitten und mit H0-Mauerplatten von Faller oder Vollmer beklebt. Dann wurde mit 0,5 mm dicken und 5 mm breiten Furnierleisten aus dem Schiffsmodellbau das Fachwerk nachgebildet.

Die Dachstühle sind ebenfalls aus Holzleisten erstellt und mit Holzplat-

Der Werkstattanbau des Lokschuppens ist mit einer Schmiede eingerichtet, die auch über eine Drehbank verfügt.

Fotos: Gerhard Peter

Blickfang in dem kleinen Bw ist ohne Zweifel der Lokschuppen mit dem angebauten Wasserturm, der im Selbstbau entstand. Im Vordergrund ist der Bahnsteig des Haltepunktes zu sehen. Die im Bw stehende 69.0 ist ein Kleinserienmodell von Gebauer.

ten von Northeastern, die vorher mit Beize entsprechend gealtert wurden, eingedeckt. Um die Dachpappe realistisch nachzubilden, verwendete Detlev Neuhof Schmirgelpapier mit der Körnung 600, das in Streifen geschnitten und mit Ponal auf die Holzplatten geklebt wurde. Die Türen sind ebenfalls aus Holz hergestellt, die Fenster stammen wahlweise von Addie oder Studio 95.

Fast alle Gebäude auf der Anlage sind in den beschriebenen Bauweisen entstanden. Lediglich der Bahnhof Neu-Deting stammt als Fertigmodell von Studio 95, während die Stadthäuser hinter dem Ringlokschuppen Bausätze des Herstellers GF-Modell-Design sind. Die im Maßstab etwas größeren Häuser fügen sich als Hintergrundmodelle sehr gut in die Spur-0-Anlage ein.

Auch alle Bw-Einrichtungen entstanden im kompletten Eigenbau. Basis waren veröffentlichte Zeichnungen in den verschiedenen Publikationen. Gitter- und Stahlkonstruktionen entstanden dabei selbstredend aus den passenden Messingprofilen (vornehmlich von Hassler aus Lichtenstein).

Eine Spezialität des Erbauers sind die selbstkonstruierten Drehscheiben in den unterschiedlichsten Ausführungen. Eine 26-m-Scheibe ist in das große Bw eingebaut und eine kleine geschlossene Drehscheibe in das kleinere Bw. Die Segmentbühne dient als Weichenersatz am Ende des Bahnhofs Neudeting.

Ausstattung und Details

Viele Materialien können den H0-Sortimenten der einschlägigen Hersteller entnommen werden. Das gilt besonders für H0-Mauerplatten, die von der Steingröße her besser zur Spur 0 passen. So sind auch mit den H0-Mauersegmenten von Spörle eine Reihe von Stützmauern gebaut, die sehr überzeugend wirken.

Nicht unerwähnt sollte die Hintergrundkulisse aus dem H0-Programm der Firma MZZ bleiben. Die meisten der Figuren kommen von der Firma Phoenix. Sie bestehen aus Zinn und haben dadurch auch eine gewisse Standfestigkeit. Besonderes Kennzei-

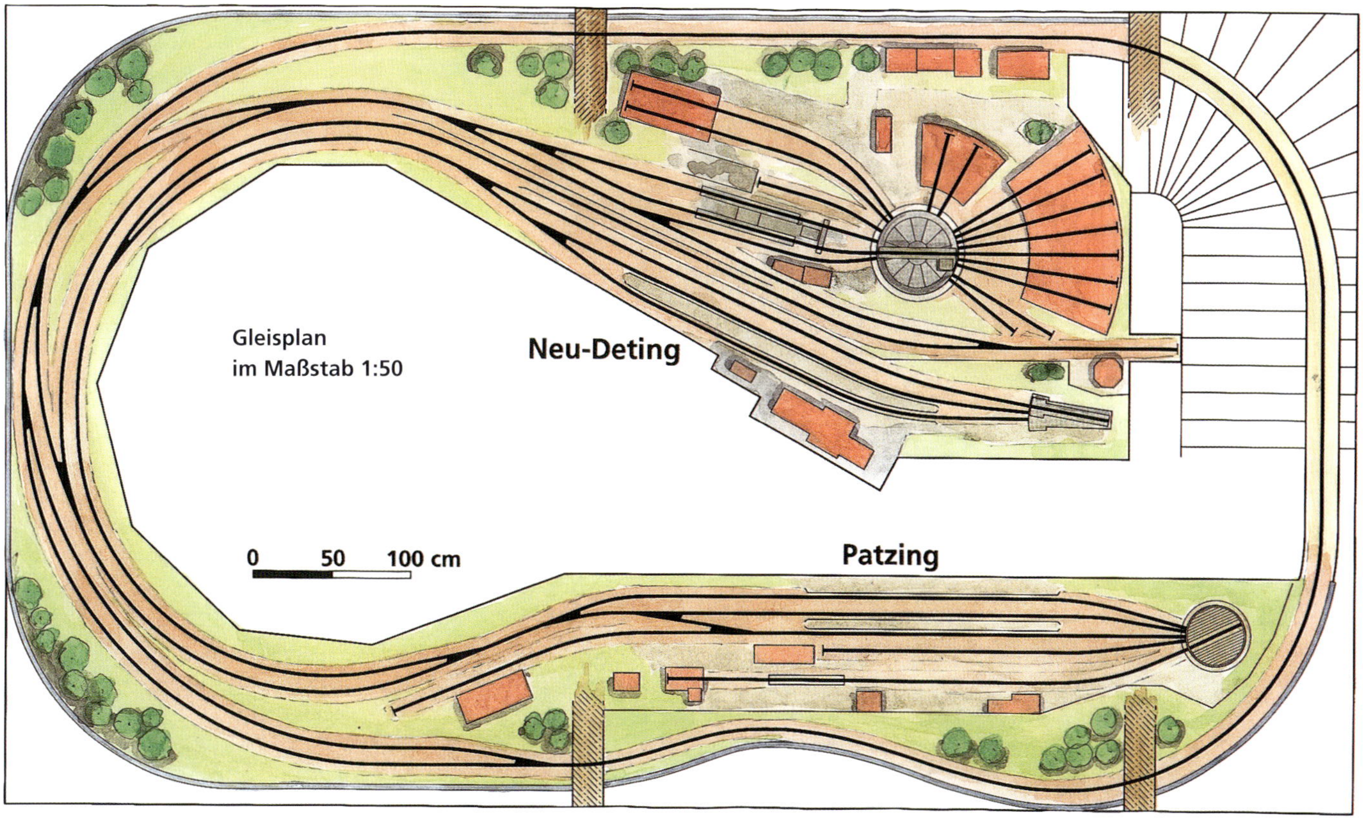

Gleisplan
im Maßstab 1:50

Neu-Deting

0   50   100 cm

Patzing

chen der Phoenix-Figuren sind ihre natürlichen und manchmal humorigen Posen und lebendig wirkenden Gesichter.

Steuerung

Die Zeiten des analogen Gleichstrombetriebs sind seit dem Bau der Anlage vorbei. Gefahren wird auf der Anlage mit dem Lenz-Digitalsystem, das sich gut bewährt. Das Schalten von Weichen und sonstigen Einrichtungen wie Drehscheiben geht nach wie vor analog mit altbewährter Schaltertechnik. Dienlich sind dabei kleine Gleisbildstellpulte mit den wichtigen Bedienelementen.

Aufgrund der Größe von Modellen, Zubehör und so mancher Details kann man in 0 vieles selber machen. Neben diesen positiven Eigenschaften liegt der Reiz der Spur 0 auch darin, dass gegenüber den kleineren Maßstäben die Fahrzeuge in den Vordergrund rücken. Der intensivere Bezug zu jeder Lok reduziert dabei den Reiz des „unkontrollierten" Sammelns.

Anlagen-Steckbrief	
Nenngröße:	0
Baumaßstab:	1:45
Anlagengröße:	8,90 x 5,00 m
Thema:	Bw als Betriebsdiorama mit Paradestrecke und Nebenbahn
Rollmaterial:	Eigenbauten
Gleismaterial:	OSM, Peco, Hassler
Epoche:	III

Linke Seite: Eine 38er aus Kleinserienproduktion ist gerade in den Endbahnhof eingefahren.

Auch eine Pause muss mal sein. Abgestellt am selbstgebauten Prellbock wartet die Kö I auf den nächsten Einsatz. Nett wirkt die Szene am Vespertisch mit dem Hund, der sich ein Leckerchen erbettelt hat.

HüTTenrode im Harz

Michael Müllers TT-Anlage entstand nach Motiven aus der Gegend um Hüttenrode im Harz und ist, historisch gesehen, in der Epoche II angesiedelt. Gemäß diesem regionalen Vorbild hat der Anlagenerbauer den massenhaften Bahntransport von Kalk in den Mittelpunkt gerückt. Die Gleisanlagen entstanden zwar ebenfalls in Anlehnung an den Bahnhof von Hüttenrode, doch hat Michael Müller verschiedene Elemente hinzugefügt, die (wie der Lokbahnhof und eine Straßenbrücke) seiner schöpferischen Fantasie entsprungen sind.

Insgesamt stellt der Gleisplan zwar ein „konventionelles" Oval dar, doch weil sich der sichtbare Bereich auf das großzügige Betriebsdiorama des Bahnhofs Hüttenrode beschränkt und somit ohne die engen Radien der linken und der rechten Schmalseite auskommt, tritt der Kreisverkehr nicht zutage.

Reger Betrieb mit Ganzzügen

Die eingesetzten Reisezüge kreuzen generell im Bahnhof Hüttenrode, wo sie die durchgehenden Hauptgleise 1 und 2 befahren. Nahgüterzüge laufen demgegenüber in der Regel auf Gleis 3 ein, wo sie rangiertechnisch behandelt werden, Güterwagen für die Ladestraße bzw. den Güterschuppen abgeben und neue Wagen ankuppeln.

Eine völlig andere Technologie bestimmt das Geschehen um die Ganzzüge der Kalkindustrie. Die einheitlich entweder aus Kalkkübel- oder O-Wagen bestehenden Zugverbände gelangen, von links kommend und am Bauernhof vorbeifahrend, in die Aufstellgleise 5 und 6. Die Zugloks kuppeln ab und rollen zur Restaurierung in den Lokbahnhof. Nun wird der Ganzzug-Verband von einer Rangierlok der Baureihe 80 bzw. 81 auf die

Das Bahnhofsmotiv aus entgegengesetztem Blickwinkel: Bei Zugkreuzungen mit Reisezügen benutzen die Nahgüterzüge grundsätzlich Gleis 3. Typisch für die Region war über Jahrzehnte hinweg der Einsatz von Reisezugwagen preußischer Herkunft.

Fotos: Rolf Knipper

Links: Blick über den Bahnhof Hüttenrode mit seinem Empfangsgebäude (links) in Richtung Kalkwerk (in Bildmitte). Michael Müller nahm sich die modellbahnerische Freiheit, nach Hüttenrode (und damit abweichend vom gleichnamigen Vorbild) auch Schlepptenderlokomotiven der Baureihe 57 einzusetzen.

Gleich wird sich der Personenzug mit der T 3 in „Sonderbauart" wieder in Bewegung setzen. Zweiflern sei gesagt, dass es derartige Umbauten in Mitteldeutschland tatsächlich gab, wenn auch erst in der Epoche III. Der Anlagenerbauer nahm sich die Freiheit, das Lokmodell in Hüttenrode zu stationieren.

Gleise 6 und 7 im Anschluss Kalkwerk aufgeteilt. Nach einer (natürlich nur gedachten) Befüllung folgt eine neue Zugbildung. Der frischbeladene Ganzzug umfasst vorbildgerecht 13 Wagen und misst (selbst in der Baugröße TT!) immerhin etwa 1,10 m.

Als die hier gezeigten Fotos entstanden, war der vollständige Ausbau der Werkanschlussgleise noch nicht abgeschlossen. Das Ziel der Baumaßnahmen bestand darin, die Gleise hinter der Kulisse zur Aufnahme von bis zu drei kompletten Ganzzügen zu verlängern. Neu zusammengestellt verlassen die Züge Hüttenrode in der Gegenrichtung. Sie müssen folgerichtig erneut den alten Bauernhof passieren, um hinter der Kulisse zu verschwinden.

Dort befindet sich ein Ausweichgleis, das die Kreuzung von bis zu 6,60 m langen Ganzzügen gestattet. Für Reparaturmaßnahmen und Ersatzzüge gibt es noch ein weiteres, drittes Gleis. Züge, die den Bahnhof am Lokbahnhof vorbei nach links verlassen, rollen einem weiteren verdeckten Bahnhof entgegen. In Anlehnung an die regionale Lage des Vorbilds könnte es sich dabei um den Endbahnhof „Drei Annen Hohne" in unmittelbarer Nachbarschaft der Nordhausen-Wernigeroder Eisenbahn (Harzquerbahn) handeln.

Handbetrieb und Elektronik

Zur manuellen Steuerung der Anlage sind wenigstens zwei Personen erforderlich; nach dem vollständigen Ausbau müssen fünf Modellbahner „ran". Während die Triebfahrzeuge bereits digitalisiert sind, unterliegen die Weichen und Signale noch einer Analogschaltung. Auf diese Weise hat Michael Müller den Komfort des Digitalbetriebs mit einer gewissen „Freude am Schalten" kombiniert. Der mit 16 Zügen gleichzeitig mögliche Fahr-

betrieb basiert auf dem DAISY-System von Uhlenbrock. Entlang der Anlage befinden sich alle zwei Meter sogenannte Kontaktstellen, an denen sich ein Fahrregler anschließen lässt, noch während der Zug unbeirrt die für ihn vorgewählte Strecke befährt.

Das Gleis entstand aus Schwellenrosten von Krüger, auf denen 1,8 mm hohe Schienen befestigt wurden. Die weitgehend vorbildgerechten Weichen konstruierte und baute Michael Müller selbst. Sie wurden mit beweglichen Weichenlaternen ausgerüstet. Es ist geplant, die Anschlussgleise mit Gleissperren und die Bahnübergänge mit Schranken auszustatten.

Perfekte Fahrzeugmodelle

Dem Motiv entsprechend verkehren (mit Ausnahme eines Triebwagens) ausschließlich Dampflokmodelle. Die meisten entstanden durch Umbau von Tillig-, Jatt- oder Beckmann-

Rechts: Der Bauernhof (Kreisziffer 5) entstand unter Verwendung verschiedener TT-Bausätze von Auhagen. Dabei gelang es, das dreiseitige Gehöft „harzlichen" Vorbildern anzupassen.

Rechts unten: Ein für die Epoche II typischer Nahgüterzug mit der BR 57 hat gerade Hüttenrode verlassen.

Wie bereits das Bauerngehöft, so entstand auch der recht große Lokschuppen aus mehreren Bausätzen der Firma Auhagen.

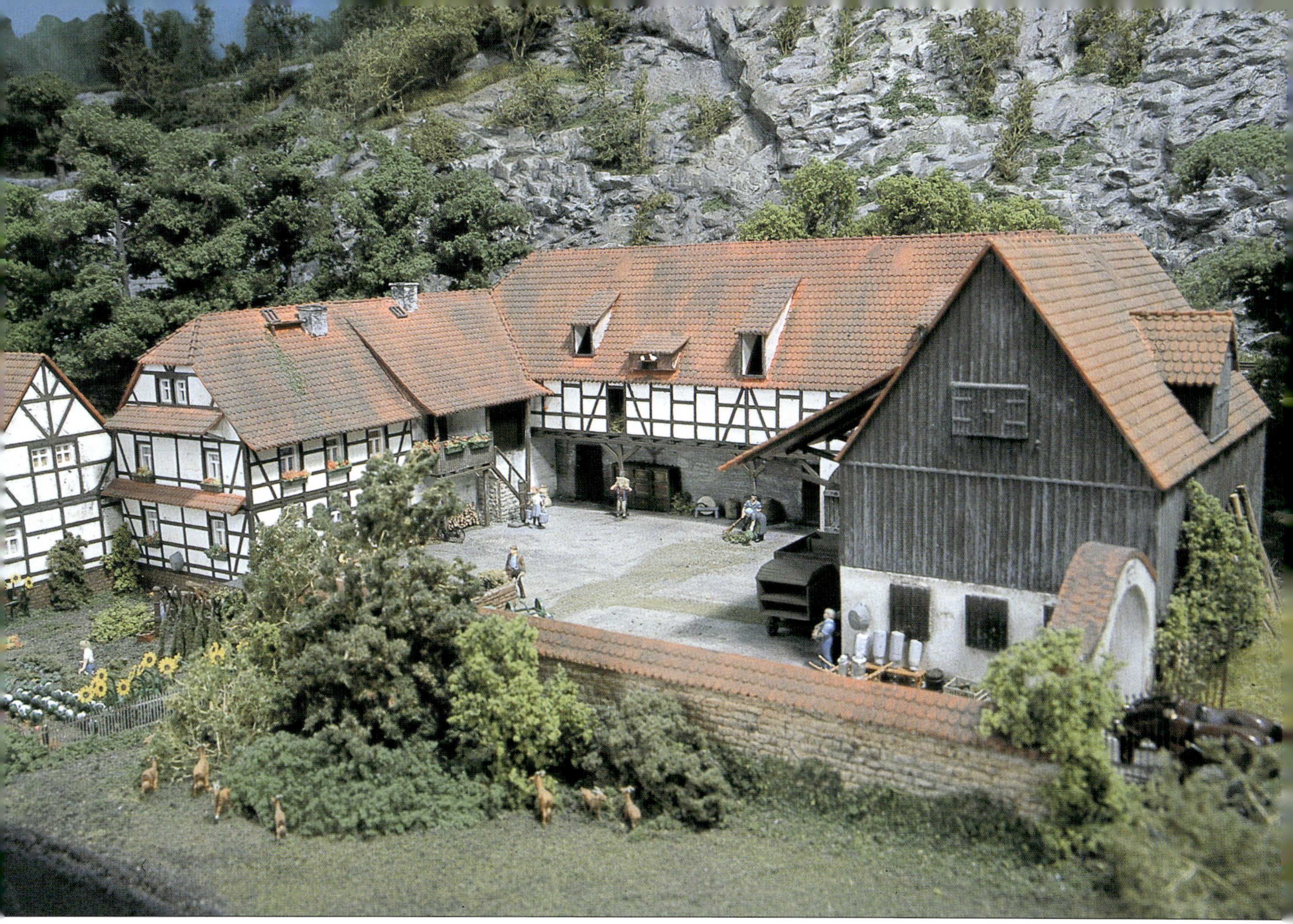

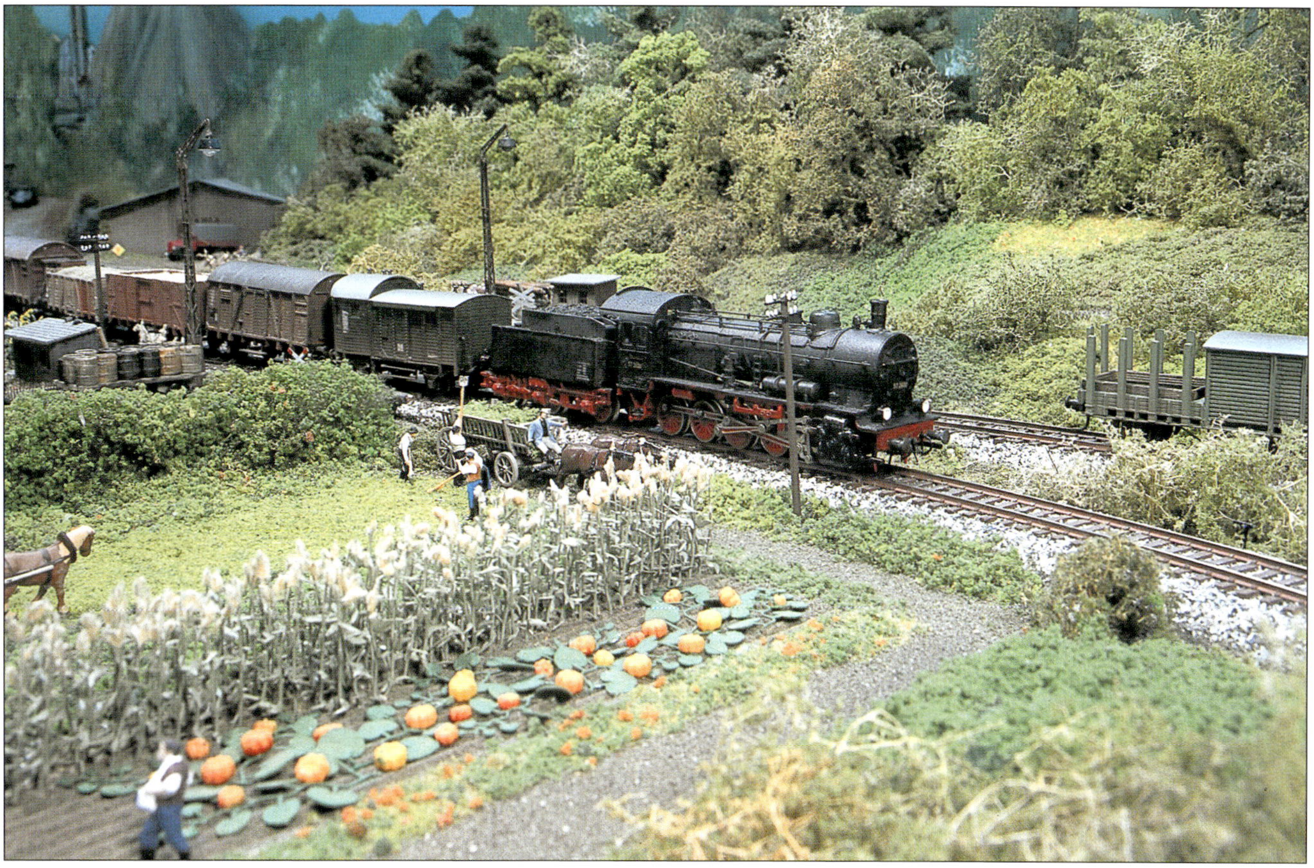

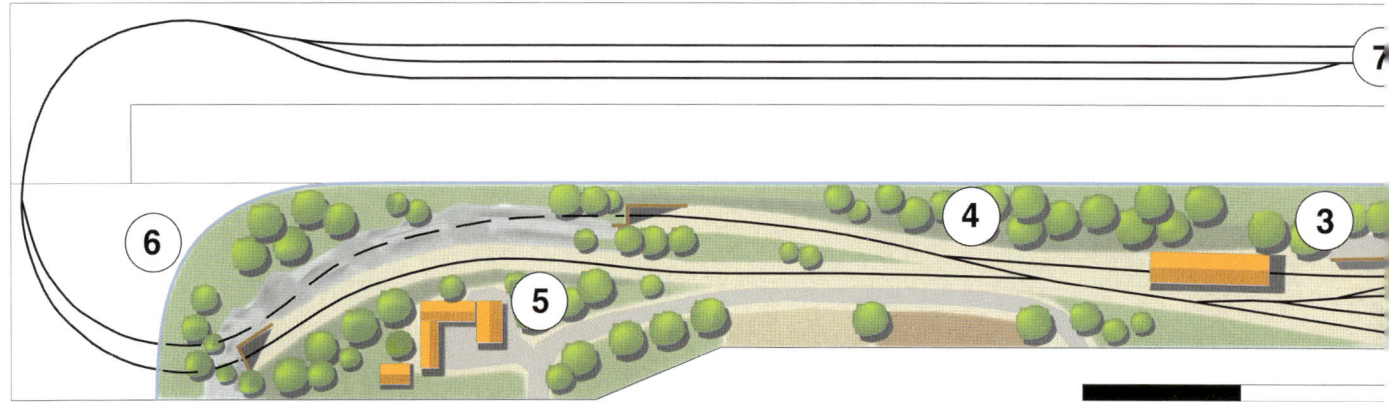

Die Straßenbrücke, ein Fantasieprodukt des Erbauers, passt ebenso in die Szenerie wie der Oldtimer-Triebwagen in Grün.

Anlagen-Steckbrief

Nenngröße:	TT
Baumaßstab:	1:120
Anlagengröße:	9,0 x 1,20 m
Thema:	Bahnhof Hütten-rode im Harz
Rollmaterial:	Tillig, Beckmann, Jatt, pmt
Gleismaterial:	Krüger/Selbstbau
Epoche:	II

Fabrikaten und erhielten Glockenan-ker-Motoren. Die Modelle mit Schlepp-tendern wurden auch vorn (an der Rauchkammerseite) mit funktions-tüchtigen Kupplungen ausgerüstet.

Auch innerhalb des Wagenparks, der bislang vor allem aus Tillig- und pmt-Fabrikaten besteht, laufen zu-nehmend Eigenbauten mit. Sämtliche Modelle wurden durch den An-bau von Rangierertritten, durch neue Puf-ferbohlen, feinere Puffer, freistehende Griffstangen und weitere Details vor-bildgerecht gesupert.

Beim Gebäudeselbstbau nach Ori-ginalvorbildern aus dem Harz kamen vor allem die vorzüglichen Kunststoff-Prägeplatten aus dem Hause Auhagen zum Einsatz. Besonders gut gelang die Geländebegrünung, wobei neben Produkten von Heki und Woodland mancherlei Material aus der Natur verwendet wurde. Um alles so realis-tisch wie möglich zu gestalten, bedarf es freilich hoher Beobachtungsgabe und ausgeprägten Bastellalents. Mi-chael Müller darf wohl beides sein Eigen nennen.

Der Bahnübergang soll demnächst Schranken erhalten. Mit der ausfahrenden G 10 verlassen auch wir Hüttenrode.

Rechts: Die Verladeanlagen des Kalkwerks „ziert" eine dicke Staubschicht, deren Nachbildung wesentlich zum realistischen Erscheinungsbild dieser Anlagenpartie beiträgt. Die mit dem Schuppen mögliche Tarnung der Zufahrt zum Kalkwerk ist ein gelungener Trick.

Legende zum Gleisplan: ① Empfangsgebäude, ② Kalkwerk, ③ Bahnbetriebswerk, ④ Streckenabzweig, ⑤ Bauernhof, ⑥ Kulisse, ⑦ Schattenbahnhof, ⑧ Abstellgleise Kalkwerk

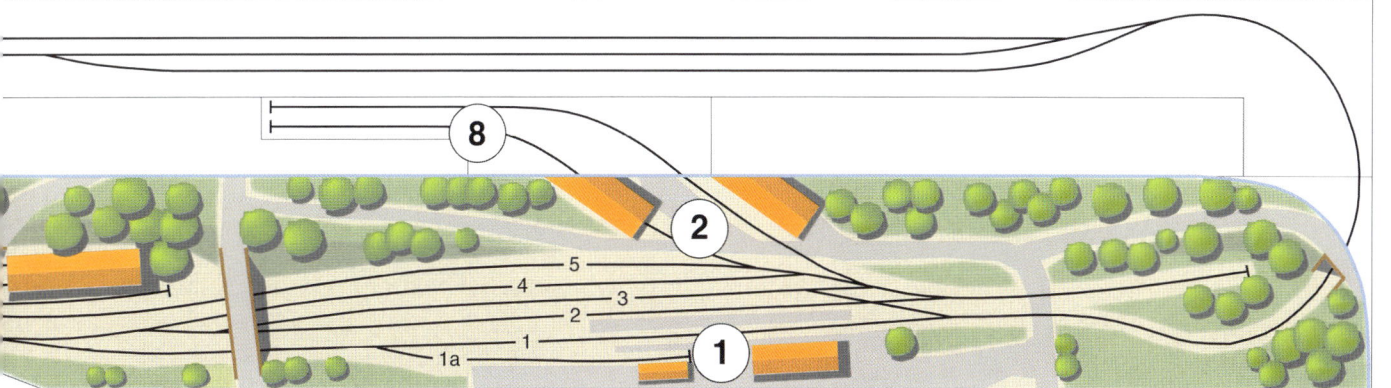

Lok „Alfred" kommt mit einem Personenzug aus Richtung Werdohl. Im Vordergrund der Abzweig in den Bahnhof Augustenthal.

Der Zug hat die Haltestelle Augustenthal erreicht. Aus- und eingestiegen wird vor der Gaststätte Versehof.

Rechts: Wasserfassen für den Anstieg nach Lüdenscheid

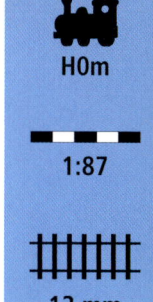
Auf Meterspur nach Augustenthal

Die „Kreis Altenaer Eisenbahn" (KAE) war eine meterspurige Kleinbahn, die vor ihrer Stilllegung im Jahr 1967 durch die Täler des Märkischen Sauerlandes dampfte. Sie transportierte grundsätzlich alles, was in ihrem Wagenpark Platz fand. Somit trug sie nicht nur zum wirtschaftlichen Aufschwung der Region bei, sondern brachte sogar die Bevölkerung mit ihren teils gemischten Zügen an die Arbeitsplätze.

Ältere Lüdenscheider erinnern sich noch gerne an die gute alte „Schnurre", wie die Kleinbahn zur damaligen Zeit liebevoll genannt wurde. Da die Bahn nur sehr wenige eigene Bahntrassen hatte, folgte sie überwiegend dem Straßenverlauf. Aus diesem Grund ließen sich die meisten Firmen einen eigenen Gleisanschluss legen.

Das in einem Seitental gelegene Stahlwerk „Plate" ließ sich 1925 einen 2,8 km langen Gleisanschluss vom Bahnhof Augustenthal nach Brüninghausen bauen. Die Anlage ist diesem Abschnitt der Strecke gewidmet.

Motive

Wilfried Raulf wuchs in der Ortschaft Augustenthal auf, in der sich der letzte Kleinbahnhof befand. Der einfahrende Zug aus Richtung Lüdenscheid musste stets vor seinem Elternhaus halten, weil die folgende Kurve nicht einzusehen war und die Schienen auf die andere Straßenseite wechselten. Oft hat er als kleiner Junge den Zug beobachtet.

Irgendwann bekam er von einem Eisenbahnfreund den Originalplan des Bahnhofs in Augustenthal und ein Nachbar gab ihm ein Foto des längst abgerissenen Bahnhofs. Auch das Lüdenscheider Stadtarchiv war sehr behilflich und lieh diverse Fotos aus.

Zu Anfang entstand ein erstes Modul mit Schienenmaterial der Baugröße H0m, also 12 mm. Bei den Stellproben der Häuser waren die Modullänge von 180 cm und die Breite von 70 cm völlig ausreichend. Es musste ja lediglich ein Schienenstrang über bzw. durch die Straße verlegt werden.

Die gute Resonanz auf einer Ausstellung motivierte Wilfried Raulf dazu, den rechten Anlagenteil in der Größe 135 cm x 70 cm anzubauen. Nun waren die gesamten Gleisanlagen des Augustenthaler Bahnhofs bis zum ehemaligen Bürogebäude der Fa. Plate – einschließlich dem Abzweig zum Stahlwerk Plate – dargestellt. Es folgte der linken Anlagenteil (115 cm x 70 cm) von der Brüninghauserstraße bis Drahtwerk Kämpfer.

Dabei wurden nicht nur die Häuser genau dargestellt, sondern auch einzelne Bäume, Mauern, Schuppen, Autos, Verkehrszeichen und Schriftzüge. Aber es mussten auch Kompromisse eingegangen werden: So war, wie bei fast jedem Modell, die ganze Szenerie zu raffen. Teiche und Lärchenwald zum Beispiel wären viel zu groß geworden.

Teilweise werden auf dem Modell einzelne Geschichten dargestellt, die von älteren Anwohnern erzählt wurden. Auch Wilfried Raulfs Einschulung ist zu sehen: Eine Gruppe von Erstklässlern wird vor dem Schulgebäude fotografiert. Diese Geschichten liegen zeitlich gesehen viele Jahre auseinander. Auf dem Modell sind sie jedoch zeitgleich zu sehen, weshalb auch verhältnismäßig viele „Preiserlein" die Szenerie beleben.

Gebäude

Die 18 Häuser und fünf Kleingebäude entstanden im Selbstbau in einer Bauzeit von ca. zehn Jahren. Sofern keine Pläne vorlagen, wurden die Häuser von allen Seiten fotografiert und mit alten Fotos verglichen. Anschließend entstanden am Computer maßstäb-

Der Zug in Richtung Lüdenscheid passiert das Haus von Schneidermeister Engstfeld.

Rechts: Der Zug in Richtung Lüdenscheid fährt am Schulhaus vorbei: munteres Treiben auf dem Schulhof; links das Drahtwerk Kämpfer.

Rechte Seite: Der Übergang von einem Streckenast zum anderen erfordert ein umständliches (aber vorbildgetreues!) Rangiermanöver mit Umsetzen der Lok.

Eine der markantesten Stellen in Augustenthal: Die Schienen wechseln in der Kurve die Straßenseite. Zwei Bedienstete der KAE mussten kurzfristig die Straße sperren.

liche Skizzen, die mit 2-mm-Polystyrol-Platten zu Bauwerken umgesetzt wurden. Zubehör und Dachplatten stammen überwiegend von Auhagen, aber auch von anderen Herstellern. Die Fenster wurden in aufwendiger Ätztechnik hergestellt. Insgesamt mussten über 60 Teile geätzt werden!

KAE-Fahrzeuge

Leider bietet der Fachhandel sehr wenige (oder nur ähnliche) KAE-Fahrzeuge an. Der Bekanntheitsgrad von Schmalspurfahrzeugen ist sehr aufs Regionale begrenzt. Wenn überhaupt werden solche Fahrzeuge von Kleinserienherstellern als Bausätze angeboten.

Bei den beiden Dampflokomotiven wurde das Modell der Spreewaldbahn der Fa. Tillig als Grundmodell genommen. Die Lok „Hermann" wurde sehr wenig optimiert. Sie erhielt nur längere Wasserkästen und einige Zurüstteile von Weinert. Lok „Alfred" bekam ein neues Führerhaus mit Wasserkästen aus Kupfer. Das Fahrwerk ist wieder von Tillig und die Zurüstteile wieder von Weinert.

Auch bei den Talbot-Triebwagen war Selbstbau angesagt. Als Material kamen überwiegend Kunststoffplatten zum Einsatz. Die Zweiachswagen bestehen ebenfalls aus Kunststoff. Die Dächer zeigen eine Tonnenform mit den Funkenflugblechen, die für die KAE typisch waren. Die Grundgestelle stammen von gekürzten Tillig-Wagen. Die Vierachser sind umgebaute Bemo-Wagen mit dem obligatorischen, hochgewölbten Tonnendach.

Die kleine Diessellok V 15 ist eine Kleinserien-Lok des Herstellers GK-Modellbau. Sie ist zwar nicht die typische KAE-Lok, aber für die Module ein unbedingtes Muss, da sie zum Ende der „Schnurre-Zeit" für einige Monate noch auf dieser Strecke gefahren ist.

Gleisplan der KAE-Anlage Augustenthal im ungefähren Maßstab 1:20

Ganz oben: Ein Bild vom nahen Ende der „Schnurre": Die einst langen Güterzüge sind wesentlich kürzer geworden. Die Diesellok V 15 (ex Herforder Kleinbahn) reichte für diese Verhältnisse aus.

Fotos: Martin Knaden

Das imposante Verwaltungsgebäude der Fa. Selve, von der Gaststätte aus gesehen.

Augustenthal heute

Am 22. Mai 1967 fuhr der letzte Zug nach Brüninghausen. Kurz nach Stilllegung der Strecke wurden auch die Gleise entfernt. Der Bahnhof Augustenthal fiel im Jahre 1982 der Abrissbirne zum Opfer. Heute dient das Gelände der Fa. Selve als Parkplatz. Wann der Lokschuppen abgerissen wurde, ist nicht bekannt. Wasserturm, Wasserkran und Toilettenhäus-

chen wurden schon 1956 abgerissen. Das kleine Nebengebäude vor der Fabrik Selve ist im Jahre 1993 wegen Baufälligkeit ebenfalls abgerissen worden. Leider erinnert heute so gut wie nichts mehr an die gute alte „Schnurre-Zeit" und bei der Bevölkerung gerät die Bahn immer mehr in Vergessenheit. Nur die authentisch gebaute Modellbahn wird noch lange den Begriff „Schnurre" mit Leben erfüllen.

Anlagen-Steckbrief	
Nenngröße:	12 mm
Baumaßstab:	1:87
Anlagengröße:	430 x 70 cm
Thema:	Die Kreis Altenaer Eisenbahn (KAE), Streckenabschnitt Augustenthal–Brüninghausen
Rollmaterial:	Tillig, Bemo, Eigenbauten
Gleismaterial:	Bemo
Epoche:	III

Ganz oben: Der gesamte Bahnhofsbereich von Augustenthal in der Übersicht

Eine typische Szene (Maschinenteil auf Niederbordwagen); bei der KAE wurde übrigens sehr viel von Hand umgeladen.

Quer über den
Gleisenden des
Kopfbahnhofs
steht das EG von
„Bad Salzungen"
(oben).

Links: Sorgfältig
sind die Bahn-
steige ausgebildet.
Rechts: Geradezu
typisch für ältere
Bahnhöfe sind die
Aufsichtsbuden in
Bahnsteigmitte.

Ganz rechts: Stell-
werk an der Ein-
fahrt

HO

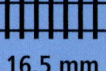

1:87

16,5 mm

Kopfmachen im Sackbahnhof

Hans-Peter Kähler ist für langjährige MIBA-Leser kein Unbekannter! Seine jetzige HO-Anlage ist wieder, wie seine letzten beiden Anlagen, im Keller aufgebaut. Außerdem orientiert sie sich sehr stark an bestimmten Vorbild-Gegebenheiten, ohne dass sie mit dem tatsächlichen Bad Salzungen wirklich zu tun hätte.

Begonnen hat der Bau der Modellbahnanlage „Bad Salzungen" 1976, beendet wurde er 1993. In die Anlage floss die Summe aller Erfahrungen ein, die mit den Vorgängeranlagen (siehe MIBA 4/1972 „Naumburg/Saale" und 7/1969 „Melsungen–Rohrbach") gemacht worden waren. Sie befindet sich exakt am gleichen Platz (Kellerraum) wie die beiden vorherigen.

Von der Anlagen-Konzeption her waren folgende Ziele gesetzt:

• Form: an der Wand lang
• großzügige Radien
• schlanke Weichen
• lange Fahrstrecken
• gute Zugänglichkeit des Schattenbahnhofs (sehr wichtig!)
• nur unverkürzte Wagen im Einsatz (kurzgekuppelt!)

Anlagen-Thema ist ein Personen-Kopfbahnhof mit Übergangsverkehr DB/DR, natürlich Epoche III, mit separatem Güterbahnhof und Vorort-Haltepunkt, inspiriert durch den Bahnhof der Kurstadt Bad Harzburg. Es handelt sich hier also wirklich nur um ein reines Bahnhofs-Thema mitsamt der notwendigen Randbebauung zur Hintergrundkulisse!

Die in den Kopfbahnhof führenden Zulaufstrecken sind elektrifiziert (teils zweigleisig), der Güterbahnhof nicht. Bei einer kompletten Durchfahrung der gesamten Strecke – vom Personenbahnhof aus und wieder dorthin zurück – werden ca. 60 m erreicht.

Möglich wurde dies durch eine doppelte Umfahrung des Raumes. Der Schattenbahnhof hat 15 Gleise, die Mehrzahl davon ist auch für längere Züge (acht bis neun D-Zug-Wagen plus Lok) geeignet. Die Rundum-Konzeption sorgt für die richtige „Eisenbahn-Atmosphäre". Der Zugang zum Innenraum, wo auch die Bedienungselemente angeordnet sind, erfolgt übrigens durch ein herausnehmbares Teilstück.

In puncto Rollmaterial kommt alles zum Einsatz, was zum Thema passt. Dabei sind die Loks größtenteils mit

E 18 28 mit ihrem Personenzug aus Umbauwagen fährt unter einem beeindruckenden „Drahtverhau" in den Bahnhof ein. Die Oberleitung ist bis ins Letzte vorbildgetreu ausgeführt!

Links oben: Die großzügig gestaltete Bahnhofsein- und -ausfahrt mit dem charakteristischen Brückenstellwerk. Links davon erkennt man bereits einen Teil des Bahnbetriebswerks. Die Fahrdrähte sind an großen Quertragwerken aufgehängt.

Links: Übersicht über den großen (Personen-) Kopfbahnhof. Interessant ist auch die Randbebauung zum Hintergrund hin. Die Stützmauer verdeckt gleichzeitig ein Verbindungsgleis Richtung Güterbahnhof.

„Fauli" nachgerüstet. Die langen D-Zug-Wagen stammen allesamt von Ade. Der gesamte Fuhrpark wurde auf Kadee-Kupplungen umgestellt.

Der Betrieb in und um „Bad Salzungen" findet selbstverständlich nach Plan statt. Im Kopfbahnhof sind passende Lautsprecherdurchsagen zu hören – ein Gag, nicht nur für Kinder! Der „normale" Tagesfahrplan stellt die Zeit von fünf Uhr früh bis Mitternacht dar.

Gleisbau

Alle Gleise wurden mit Code-70-Schienenprofilen verlegt (Shinohara). Die Räder der Loks sind auf einer Drehbank abgedreht, z.T. auch hin-terdreht. Sie entsprechen annähernd der amerikanischen RP-25-Norm. Die Wagen-Radsätze wurden teils einfach getauscht, teils sind sie ebenfalls abgedreht.

Das Ergebnis nach über zehnjähriger Betriebserfahrung mit diesen niedrigen Spurkränzen: Es funktioniert wunderbar und sicherer als mit den hierzulande üblichen Industrienormen! Man muss allerdings die NMRA-Normen kompromisslos einhalten. Die NMRA-Lehre (erhältlich z.B. bei Old Pullman) ist dabei das Grundwerkzeug.

Die Weichenwinkel betragen zumeist 9,5° und 7°, einige davon sind auch zu Bogenweichen gekrümmt. In wenigen Ausnahmefällen kamen auch 14°-Weichen zum Einsatz. Die (magnetischen) Weichenantriebe stammen von H&M, Old Pullman und Tenshodo. Im Schattenbahnhof fanden auch einige Repa-Antriebe Verwendung. Die Gleisradien liegen im Allgemeinen nicht unter 90 cm, nur an einer einzigen Stelle sind es 65 cm. Daher ergibt sich ein völlig problemloses Fahren, sogar Puffer-an-Puffer-Fahren ist – bei gefederten Puffern – möglich.

Ausstattung

Die Masten der Fahrleitung stammen von Sommerfeldt, alles andere (Fahrleitung mit Hängern, Querverspannungen und Tragwerke) ist selbst

BAD SALZUNGEN
2 km

Bebenbach-
Tunnel
1040 m

F

82 023

verlötet (Drahtstärke 0,5 mm). Welch eine Fummelarbeit! Vorbild war die DB-Fahrleitung von 1950, stellenweise wurde aber auch die DRG-Oberleitung von 1928 nachgebaut. Die Oberleitung ist genaugenommen nur eine Attrappe, die Loks fahren mit Unterleitung bei geschwächten Panto-Federn.

An Gebäuden wurde nur eingesetzt, was unbedingt zur Unterstreichung des städtischen Hintergrundes erforderlich war! Blickfang ist das Empfangsgebäude, das quer über den Gleisen steht – mit den entsprechenden Abgängen. Die Gleise führen also darunter durch zu einem imaginären Betriebsgelände. Dadurch konnten lange Bahnsteiggleise gewonnen werden.

Es gibt aber auch zwei große Industriegebäude. Zum einen handelt es sich um eine Brauerei aus Heljan-Teilen, die vor allem zur Umkleidung eines Mauervorsprungs dient. Zum anderen hat sich im Güterbahnhofsbereich eine Schmierölfabrik („Mischbude") angesiedelt, die einerseits das Umfahrgleis verdeckt und andererseits für eine gewisse optische Distanz zur dahinter liegenden zweigleisigen Hauptstrecke sorgt.

Paradeaufstellung der Dampfloks im Bw! Bemerkenswert sind hier besonders die Kadee-Kupplungen an den Loks.
Links: Das charakteristische Tunnelportal ist unterhalb der Drehscheibe des Betriebswerks zu finden.
Ein Blick auf das Reiterstellwerk, das zwischen Bahnhofseinfahrt und der Zufahrt zum Bw steht. Der Personenzug kommt aus Richtung Abstellbahnhof.

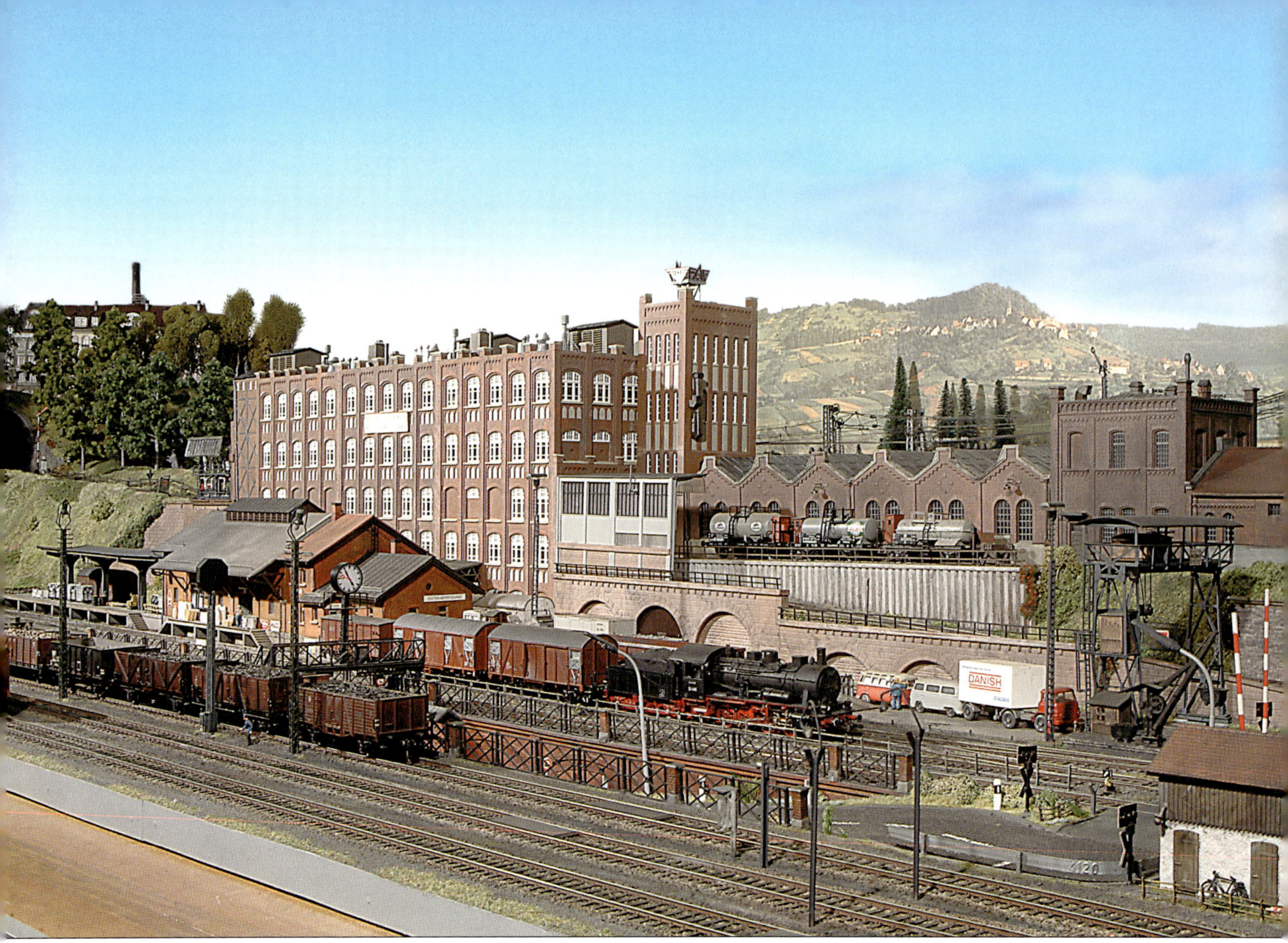
DANISH

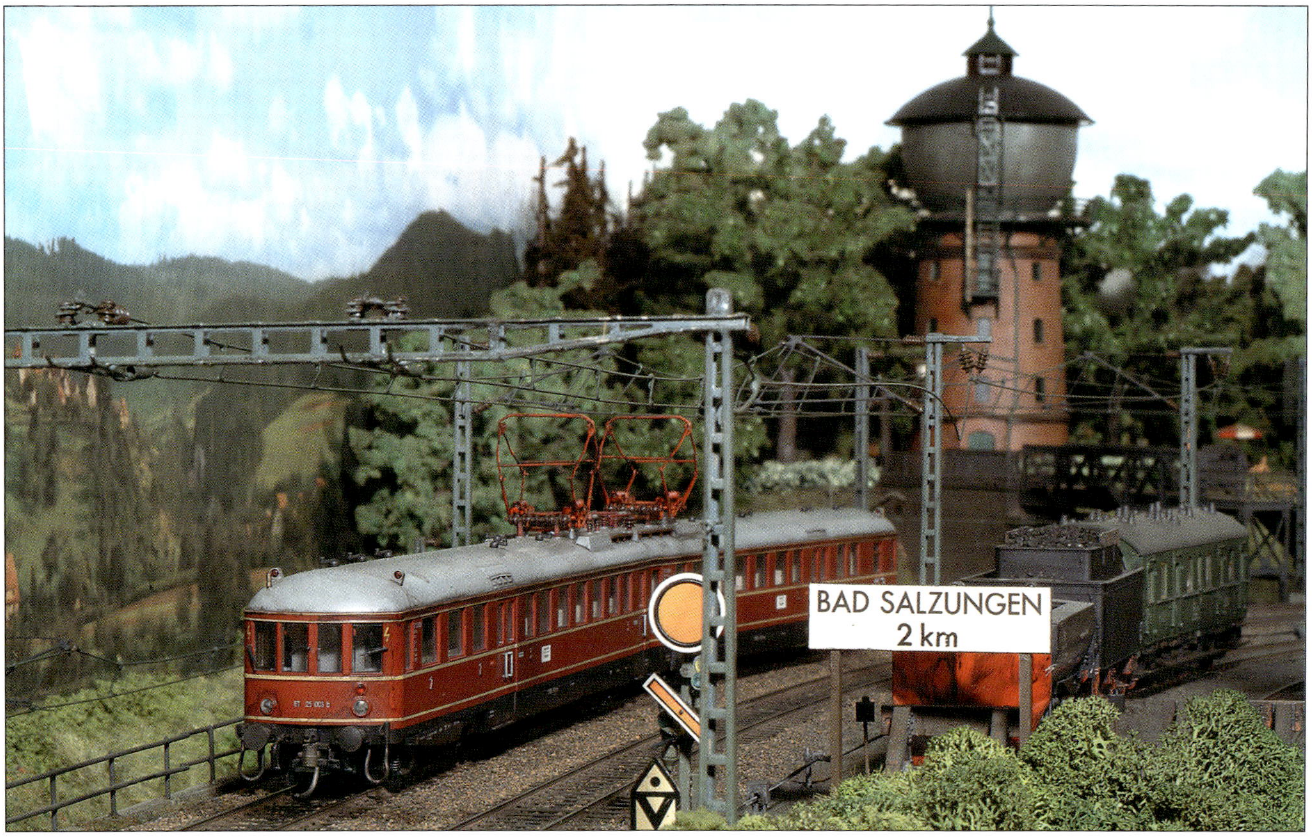
BAD SALZUNGEN
2 km

Steuerung

Die Anlage wird von zwei selbstgebauten Dr-Stellwerken aus gesteuert. Sie sind auf einem Holzunterbau mit aufgeschraubter, grau eingefärbter Acryl-Platte (3 mm stark) gestaltet. Mit einem Stahldorn wurden zunächst die Felder eingeritzt, dann der Gleisverlauf mittels 5-mm-Rallye-Streifen ausgelegt und die entsprechenden Symbole aufgeklebt. Danach wurden die Löcher gebohrt und das Ganze mehrfach mit Auto-Klarlack übersprüht. Dadurch wurde die Oberfläche absolut grifffest.

Zum Einsatz kommt ein Elektronik-Fahrpult mit Anfahr- und Bremsverzögerung, das ein Bekannter für Hans-Peter Kähler gefertigt hat. Digitalbetrieb findet auf seiner Anlage nicht statt.

Im Personenbahnhof vermitteln Formsignale einen „altmodischen" Gesamteindruck. Die durchbrochenen Masten alter Trix-Hauptsignale erhielten Märklin-Flügel – Weinert kam erst viel später. Aus Restbeständen stammen noch einzelne Rüco-Signale, die schon lange nicht mehr am Markt vertreten sind.

Der Güterbahnhof ist mit „modernen" Lichtsignalen aus Nemec-Produktion ausgerüstet. Zwar sind sie etwas vergrößert, aber sehr exakt aus Messing gefräst. Sie stammen noch von der alten Anlage und sollten auf keinen Fall weggeworfen werden! Betrieben werden sie mit 10 V Spannung.

Insgesamt wurde nur mit sparsamen Mitteln begrünt, ursprünglich natürlich mit den Möglichkeiten der 70er- und 80er-Jahre. Vor ein paar Jahren wurde dann alles noch einmal überarbeitet, und zwar mit Erzeugnissen von Woodland, Noch und Heki. Diese Nachbearbeitung hat dem Charakter der Anlage sehr gut getan, sie wirkt seither wie frisch gebaut.

Überblick über den Güterbahnhofsteil der Anlage Kähler. Beherrschendes Element im Hintergrund: die „Mischbude", also eine Schmierölfabrik.
Links unten: ET 25 auf der Fahrt in Richtung Kopfbahnhof – der Triebwagen passiert soeben das Bw.
Güterbahnhof und Schmierölfabrik, dahinter die Grundöltanks

KRONEN
PILS
Germania-
Brauerei

Abstellgl. f. kurze Züge
(Höhe 0)
Güterbahnhof (Höhe +18)
Abstellgl. f. lange Züge (Höhe 0)

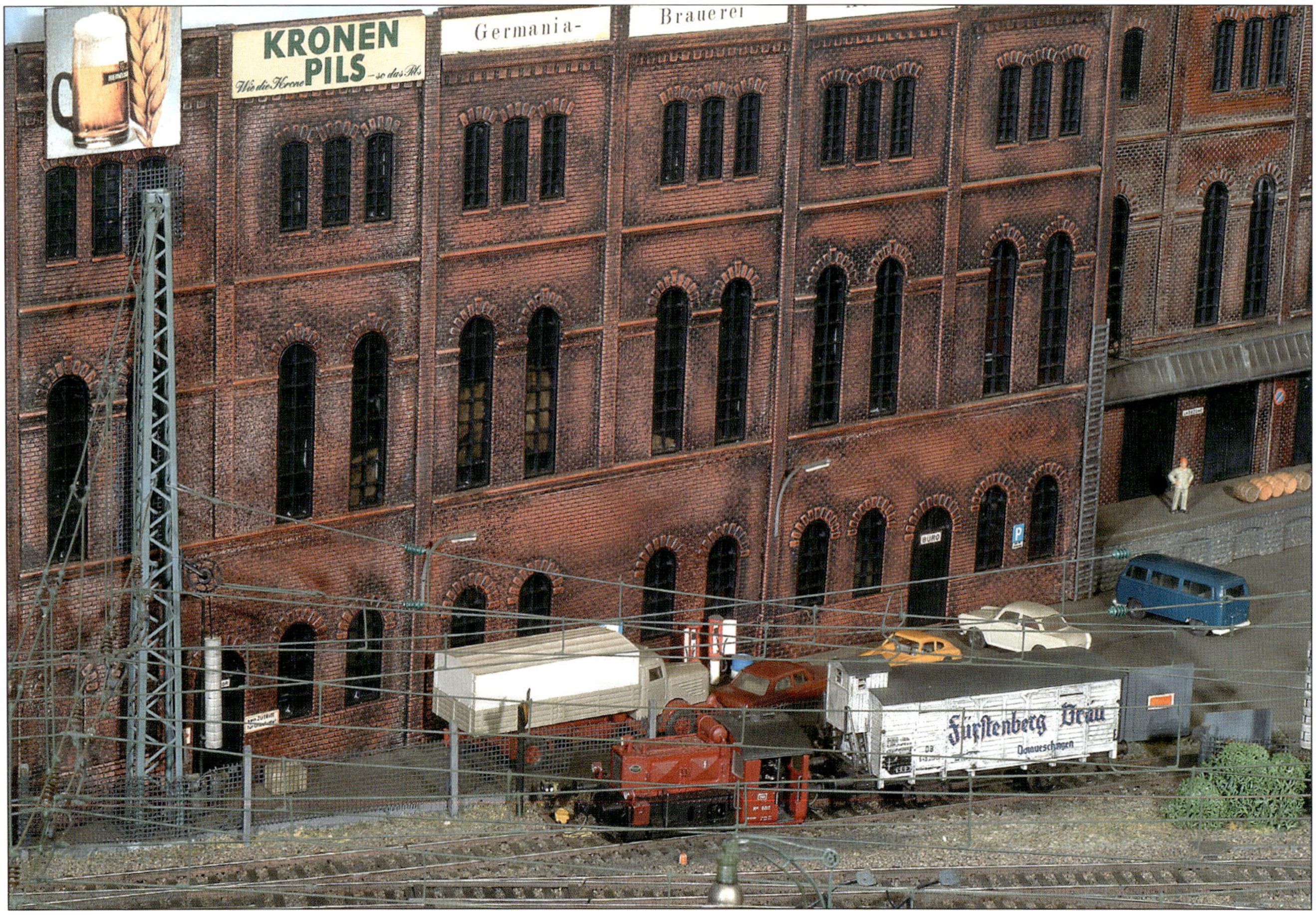

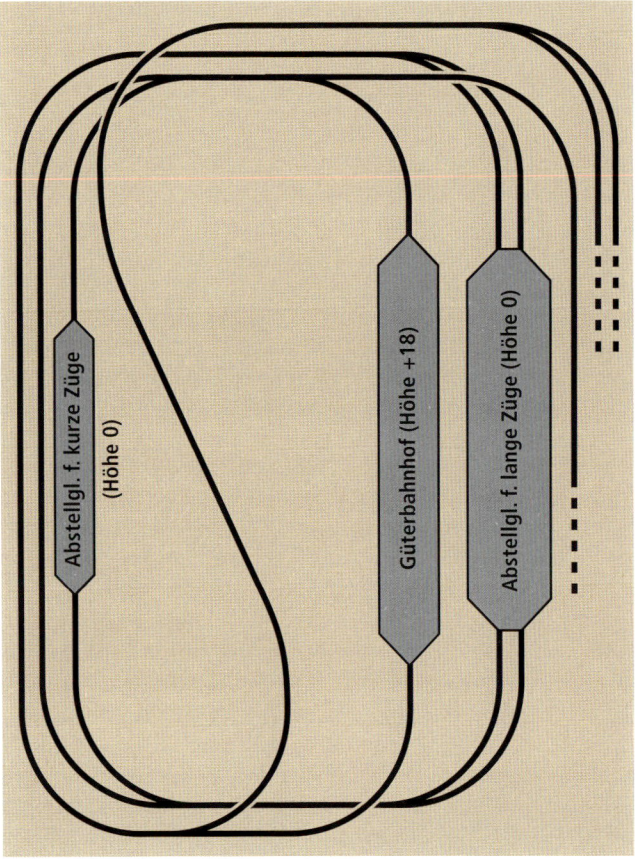

Das große Brauereigebäude (Heljan-Modell) dient u.a. dazu, einen Mauervorsprung wegzutarnen. Die Köf rangiert einen Kühlwagen.

Schemadarstellung der prinzipiellen, z.T. verdeckten Gleisführung (ohne Kopfbahnhof, jedoch mit Höhenangaben)

Anlagen-Steckbrief

Nenngröße:	H0
Baumaßstab:	1:87
Anlagengröße:	5,40 x 4,20 m
Thema:	Endbahnhof einer mittelgroßen Stadt mit mehreren einmündenden Strecken und Güterbahnhof
Rollmaterial:	Fleischmann, Roco, Trix, Ade
Gleismaterial:	Shinohara
Epoche:	III

Rechts: Gleisplan der H0-Anlage Kähler im ungefähren Zeichnungsmaßstab 1:22. Der Kellerraum ist ca. 5,40 x 4,20 m groß. Der obere Teil nimmt den Personenbahnhof in Kopfform auf, links ist das Bw mit Drehscheibe und Behandlungsanlagen angeordnet, rechts der Güterbahnhof in Durchgangsform mit mehreren Industrieanschlüssen. Dazwischen besteht eine Durchgangsmöglichkeit zum Bedienungsraum.

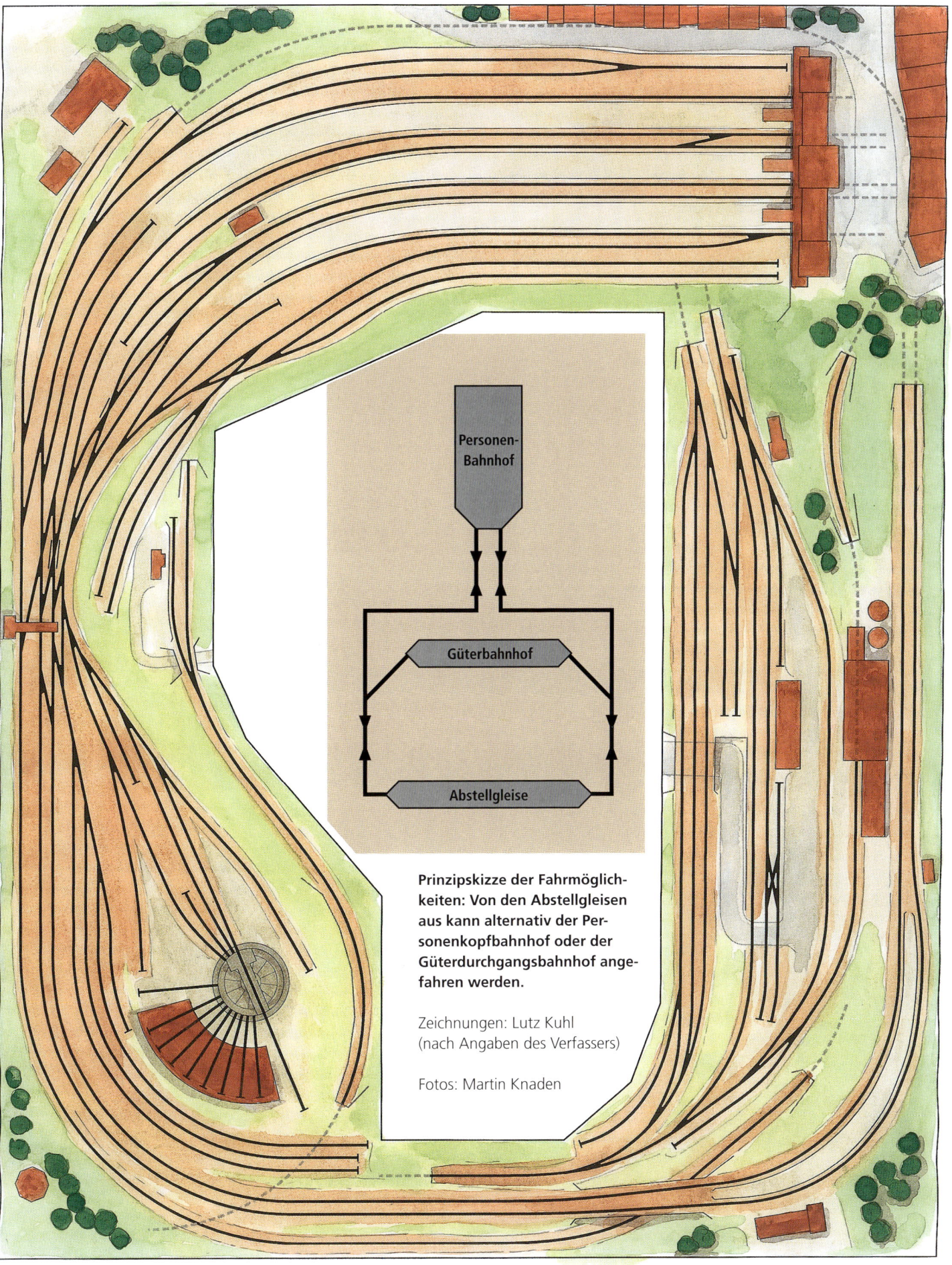

Personen-Bahnhof

Güterbahnhof

Abstellgleise

Prinzipskizze der Fahrmöglichkeiten: Von den Abstellgleisen aus kann alternativ der Personenkopfbahnhof oder der Güterdurchgangsbahnhof angefahren werden.

Zeichnungen: Lutz Kuhl
(nach Angaben des Verfassers)

Fotos: Martin Knaden

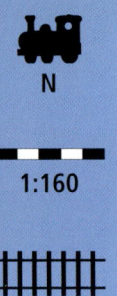
Kompaktanlage mit Konzept

Wenig Platzbedarf, viel Betrieb, Steuerung in der Schublade und Staubschutz waren die wichtigsten planerischen Anforderungen an die hier vorgestellte N-Anlage. Stefan Waitzinger kann sich nicht mehr genau erinnern, ob er zuerst laufen konnte oder doch zuvor eine kleine Lokomotive aus Holz über den Fußboden geschoben hat. Jedenfalls stand seit dieser Zeit bei ihm immer wieder „Eisenbahn" in verschiedenen Spurgrößen zur Abfahrt bereit.

Um umfangreiche realitätsnahe Betriebsabläufe zu ermöglichen, entschied sich Stefan Waitzinger für den Bau eines sechsgleisigen Kopfbahnhofes mit angeschlossenem Betriebswerk (Bw) als Hauptthema. Der Auslauf der Züge sollte ebenfalls nicht zu kurz kommen, daher wurde im Vordergrund eine Paradestrecke erstellt, die über einen Schattenbahnhof Verbindung zum Kopfbahnhof hat.

Gemäß den Empfehlungen verschiedener Modellbahnplanungshilfen basiert die Anlage auf einem unten offenen Rahmen. Darauf wurden die entsprechenden Höhenprofile, Gleistrassen und Landschaftsebenen übernommen. Für Wiesen und Wälder wurde als Unterbau die bewährte Metallgitter-Gips-Kombination gewählt.

Der gesamte Anlagenrahmen liegt lose auf speziell erbauten Unterschränken. Die gesamten Abschlussprofile wurden mit spezieller Sprühfarbe dunkelgrün lackiert und geben so die Optik eines tatsächlichen Landschaftsquerschnitts wieder, wie man es aus dem Dioramenbau kennt.

Gleismaterial

Das Gleismaterial stammt von Arnold. Dieses Gleis hat folgende, wesentliche Vorteile:

- umfangreiches Gleissortiment inklusive Drehscheibe
- gutes Preis-Leistungs-Verhältnis
- keine „Plastik-Schotterung" und somit ideal für eine Selbstschotterung
- dunkle Schienenfärbung als Grundlage für Rostpatinierung
- wenig störanfällig, denn das oben abgerundete Schienenprofil lässt kaum Schmutzablagerungen zu.

Es stellten sich im Laufe der Zeit auch Nachteile heraus, die jedoch einfach zu beheben waren: Die unterflur eingebauten Magnetschalter für die Weichen schalteten mit der vorgegebenen Spannung nicht immer zuverlässig, was manchmal zu Entgleisungen führte. Die einfache Lösung war die Erhöhung der Wechselspannung um 2 Volt. Hierbei erfolgt auch noch kein Funkenzunder oder Durchbrennen von Spulen. Gleiches gilt übrigens auch für die Entkupplungsgleise.

Der Kopfbahnhof mit städtischem Ambiente, dahinter Güterschuppen und Paradestrecke. Rechte Seite: ein Überblick über den Kopfbahnhof.

Bahnhof, Bw, Paradestrecke

Durch die kopfmachenden Züge sind umfangreiche Rangiertätigkeiten möglich. Züge, die einfahren, kuppeln mittels der in den Bahnsteiggleisen befindlichen Entkupplungsvorrichtungen die Zuglok vom Zug ab. Im Anschluss wird eine aus dem Bw kommende neue Zuglok angekuppelt und der Zug ist zur Ausfahrt bereit. Ebenfalls können Wagen über die Entkupplungsgleise und eine Arnold-Rangierlok mit Simplexkupplung neu zusammengestellt werden.

Zweck der Paradestrecke war es, den im Bahnhof zusammengestellten Zügen etwas Auslauf zu gönnen, ohne dass die für Spielanlagen typischen, engen Gleisbögen sichtbar werden. Daher wurde vom eigentlichen Anlagenkreis nur der vorne liegende Gleisabschnitt sichtbar gehalten, der Rest liegt auf Ebene 2 unter dem gesamten Kopfbahnhof bzw. dem Bw.

Gebäude und Landschaft

Für den Gebäudebau wurde wesentlich auf Fertigmodelle diverser Hersteller zurückgegriffen. Manche Gebäude sind aber auch aus unterschiedlichen Baukästen zusammengestellt. Ebenso wurden ein Sendegebäude sind aber auch aus unterschiedlichen Baukästen zusammengestellt. Ebenso wurden ein Sendemast und eine kleine Bekohlungsanlage selbst entworfen und erbaut.

Im Umfeld des Bw und oberhalb der Einfahrgleise zum Kopfbahnhof wurde ein Wald angelegt, der einen schönen Übergang zum Hintergrund bildet. Außerdem wurden sämtliche Gebäude sowie auch die Gleisanlage entsprechend farblich nachbearbeitet und patiniert.

Zu guter Letzt wurden ca. 100 „Preiserlein" und diverse Fahrzeugmodelle aufgestellt, die der Modellbahnanlage die entsprechende Lebendigkeit auch im Ruhezustand geben.

Für die funktionsfähige Oberleitung wurde auf Produkte der Firma Som-

Zwischen Paradestrecke (im Bild vorne)
und Bw erklimmt ein Personenzug die
Rampe zum Kopfbahnhof.

Fotos: Martin Knaden

Das Empfangsgebäude des Kopfbahnhofs steht quer zu den Gleisen, dahinter
sorgen Stadthäuser in Halbreliefbauweise für einen optischen Abschluss.
Das Kopfbahnhofs-Konzept bringt eine
Menge Rangiermöglichkeiten, zumal
noch ein kleines Bw angeschlossen ist.

merfeldt zurückgegriffen. Vorbildgerecht wurden Masten mit abwechselnd langen und kurzen Auslegern verbaut und Abspannungen gesetzt. Fahrdrähte und Masten sind patiniert. Die Unterseite der Fahrdrähte wurde anschließend mit feinstem Schleifpapier wieder von der Farbe befreit.

Anlagensteuerung

Für die Stromversorgung sind drei Transformatoren in Betrieb: ein Trafo für den Betrieb im Kopfbahnhof und Bw, ein Trafo für den Betrieb der Paradestrecke und ein weiterer „versteckter" Transformator für die Stromversorgung der Weichen und Beleuchtungsmittel.

Stellwerk und Transformatoren sind dabei in eine Schublade integriert, die beim Betrieb der Anlage herausgezogen wird. Die gesamte Schubladen-Steuereinheit ist über ein Flachkabel mit 50-poligem Computerstecker an die Anlage angeschlossen. Alle Kabel wurden entsprechend bezeichnet und, wie aus der Fernmeldetechnik bekannt, rechtwinklig unterhalb der Anlage verlegt – eine eventuelle Fehlersuche wird damit zum Kinderspiel. Und Spiel ist nun mal der Hauptzweck einer solchen Anlage!

Die interessante Situation unterhalb des Betriebswerks: Mit Stützmauern etc. wurde der Verlauf der Paradestrecke optisch aufgelockert. Die zeitliche Zuordnung der Fahrzeuge orientiert sich an der Epoche III, aber auch noch ein bisschen „drum herum".

Bilder unten: An den Ein- und Ausfahrgleisen des Bw drängen sich die Dampfloks beim Bekohlen und Besanden. Auch der Schuppen ist gut gefüllt mit Maschinen, die auf ihren Einsatz warten.

Die 1,8 x 0,9 m große Kompaktanlage; das Stellpult ist in einer Schublade des Unterschrankes untergebracht. Eine Acrylglasabdeckung hält (weitgehend) den Staub ab.

Anlagen-Steckbrief	
Nenngröße:	N
Baumaßstab:	1:160
Anlagengröße:	1,80 x 0,90 m
Thema:	Städtischer Kopfbahnhof mit Bahnbetriebswerk und Paradestrecke
Rollmaterial:	Arnold, Minitrix, Roco
Gleismaterial:	Arnold
Epoche:	II

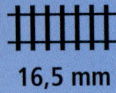
Rangieren mit Sound

Die Fabrikgebäude im Hintergrund sowie die Wohnhäuser im Vordergrund entstanden aus Rasterfassaden aus dem DPM-Programm (ganz oben).
In der „Main Street" befindet sich die Trasse zu einem weiteren Industrieanschluss.
Großes Bild: Typisch Bahnlandschaft: Es herrscht eine gewisse Unordnung. Ronald Halma hat diese Atmosphäre gekonnt umgesetzt.

Ronald Halma aus den Niederlanden hat ein besonderes Faible für US-Bahnen. Aber was soll man machen, wenn der Platz für eine Großanlage daheim nicht reicht und trotzdem das typische „Yankee"-Flair nachempfunden werden soll? Ein Diorama mit vielen Rangiermöglichkeiten war die Lösung. Hier können die Dieselloks „flanieren" und rangieren. Unterstützt wird das Ganze durch digitalen Sound.

Vorgeschichte

Die Liebe zur Modellbahn erfasste Ronald Halma schon in seiner Kindheit und ließ nur ein wenig nach, als eine

noch größere Liebe entflammte. Die Folgen: Heirat, Familie, Wohnung. Die modellbahnerischen Aktivitäten beschränkten sich zu jener Zeit mehr auf die Planung als auf den Bau einer Anlage. Bei Besuchen einschlägiger Ausstellungen gab es viele Anlagen mit hohem Gestaltungswert zu bewundern. Das Interesse Ronald Halmas galt besonders den englischen „Layouts", mithin jenen Anlagen, die nur aus einem Bahnhof, einem kurzen Streckenstück und dem obligatorischen Fiddleyard bestanden.

Im „Model Railroader", dem bekannten amerikanischen Modellbahnmagazin, fand sich in der Mai-Ausgabe 1999 eine kleine Rangieran-lage, die der Brite Nick Palette gebaut hatte. Ronald Halma wählte sie zum Vorbild eines eigenen Moduls mit den Maßen 135 cm x 65 cm, das genau in sein Auto passte. Da er den Hintergrund doppelwandig konstruierte, blieb vorn eine Sichtfläche von 52 cm Tiefe. Hinter dem „Background" fanden drei Abstellgleise Platz. Sie sind über eine überdimensionale, in einem Fabrikgebäude versteckte Segment-drehscheibe zugänglich.

Technik und Gestaltung

Aufgrund vorhandener Bestände kam Roco-Code-100-Gleis zum Einsatz. Der Schotter stammte von Woodland Scenics. Zuvor wurde das Gleis mit Betriebsspuren versehen. Die Stellantriebe der Weichen kommen von Le-maco und Pilz. Sie werden von einem selbstgebauten, abnehmbar gestalteten Bedienpult aus gesteuert. Die Verbindung zur Anlage erfolgt mit Sub-D-Steckern.

Eine optimale Rangieranlage lebt vom sicheren, homogenen Fahrverhalten der Loks. Konventionelle Fahrtrafos mit Reglern sind wegen ihrer stationären Aufstellung dazu weniger geeignet. Ronald Halma benutzt deshalb einen handlichen Walk-around-Regler. Die Lokomotiven sind durchgängig mit solide laufenden, fünfpoligen Motoren bestückt.

Viele Gebäude stammen von Kibri; einige wurden im Kitbashing-Verfahren der Anlage angepasst. So hat das bekannte Gebäude der „Farben AG" keine Rückwand. Die übriggebliebenen Teile ließen sich an anderer Stelle weiterverwenden.

Die vom Thema her nur bescheidene Landschaft „lebt" von Materialien aus den Angeboten von Woodland Scenics und Heki. Alle Gebäude wurden mit Farben von Revell und Humbrol gealtert. Die Betriebsspuren an den Fahrzeugen gestaltete Alfons Bossaers. Dieser Freund Ronald Halmas, Master Model Railroader der US-Amerikanischen NMRA, versteht sich auf gekonnten Umgang mit der Airbrush-Technik.

Ausstellungen

Ronald Halma besuchte mit seiner „Rangieranlage Metusa Junction" bereits zahlreiche Ausstellungen. Erster, großer Erfolg wurde ihm im Oktober 1999 zuteil. Zahlreiche Einladungen zu Modellbahnausstellungen in der Benelux-Region folgten. Der Anlagenerbauer gewann dabei die Er-

kenntnis, dass sein Betriebsdiorama für einen umfangreichen Rangierbetrieb eigentlich zu klein sei. Überdies sollten neue Bausätze des amerikanischen Herstellers DPM (Design Preservation Models) fertiggestellt und bei weiteren Ausstellungen präsentiert werden. So entstand schließlich ein zweites Segment mit gleichen Abmessungen. Den Hintergrund bilden zwei Werkhallen von DPM mit einer Länge von 135 cm und einer Tiefe von 10 cm. Im Vordergrund fanden einige typisch US-amerikanische Wohnhäuser (ebenfalls von DPM) Platz.

Umstieg auf digital

Auf der Suche nach einem optimalen System, das auch eine Soundsteuerung bot, stieß Ronald Halma auf die Decoder von Soundtraxx. Sie ermöglichen insgesamt neun Sonderfunktionen: F0 bis F2 für die Lok, F3 bis F8 für den Sound. Im Hinblick auf die Zentrale kam von Anfang an nur Lenz in Betracht. Die Wahl fiel auf das Set01, eine Entscheidung, die sich bis heute bestens bewährt hat.

Die Programmierung der Sound-

Links: Hier wird lediglich durch die Verwendung von Häuserfronten ein volumiges Gebäude suggeriert. Die Wandteile stammen von der Kibri-Farbenfabrik.

So richtig schön schrottig – eine selbstgebaute Handhebeldraisine erfordert offenbar intensive Zuwendung. Der Wildwuchs drum herum entstand aus Heki- und Woodland-Material.

Geschäftiges Treiben im Betriebswerk: Hier kann der „Switcher" seine Vorräte rasch zwischen den umfangreichen Rangiervorgängen ergänzen.

Hier passiert die Rangierlok der Southern Pacific bimmelnd den Bahnübergang.

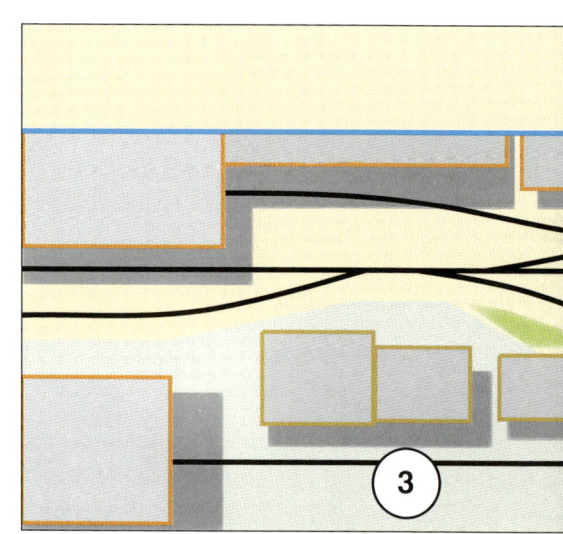

decoder fiel zunächst schwer, weil Ronald Halma in Sachen Digitaltechnik noch Erfahrungen fehlten und sämtliche Bedienvorgänge mit dem Handregler auszuführen waren. Mithilfe des Railroad & Co-„TrainProgrammers" und einem PC gelang es, neben den üblichen Lokdecodern auch die Soundtraxx-Decoder zu programmieren.

Die Steuerung wurde im Rahmen einer Optimierung geändert. Zum Einsatz kamen nun noch zwei Soundtraxx-Soundonly-Decoder aus den USA. Sie wurden nicht in die Modellfahrzeuge eingebaut, sondern fanden unter der Anlage Platz. Dort werden sie mit dem Handregler LH100 angesteuert. Ein HiFi-Verstärker und mehrere großvolumige Boxen sorgen für einen perfekten Sound.

Wegen des zu geringen Kabelquerschnitts der Zuleitungen traten – besonders bei Transporten – immer wieder Datenverluste und damit unsinnige Handlungen der Digitalsteuerung auf. Es war also erforderlich, die Verdrahtung aufzurüsten. Bei dieser Gelegenheit wurden Weichendecoder von Lenz (für die Lemaco-Antriebe) und Littfinski (für die Pilz-Antriebe) nachgerüstet. Ebenfalls von Lenz stammt das Interface LI100F, das die Bedienung der Weichen mittels PC gestattet. Das Programm lieferte Railroad & Co.

In Deutschland unterwegs

2002 besuchte Ronald Halma die Intermodellbau in Dortmund. Extra für diese Ausstellung installierte er eine neue Beleuchtung aus drei Halogenstrahlern. Die Anlage erhielt dadurch den Charakter einer perfekt ausgestalteten Vitrine. Erstmals kam auch ein neugebauter Fiddleyard an der rechten Seite der Anlage zum Einsatz.

Damit stand noch mehr Rangierfläche zur Verfügung. Sechs weitere Ausstellungen in Holland und Deutschland folgten, die letzte im Oktober 2004 in Ettlingen.

Inzwischen steht das betriebsfähige Schaustück wieder daheim auf dem Dachboden und fungiert als Teil der Heimanlage. Die (leider unvermeidlichen) Transportschäden lassen es fraglich erscheinen, ob das Rangierdiorama nochmals öffentlich gezeigt werden kann. Aktuelle Informationen dazu kann man der Homepage von Ronald Halma entnehmen.

Gleisplan im Maßstab (ca.) 1:10;
es bedeuten:

1 = Betriebswerk und
      Rangierbereich
2 = Fabrik und Lagerhäuser
      in Halbreliefbauweise
3 = Main Street und
      Industrieanschluss
4 = Verdeckte Segment-
      drehscheibe
5 = Schattenbahnhof
6 = Aufgeständerte Strecke
7 = Fabrikkomplex
8 = Zum Schattenbahnhof

Einmal mehr ist hier eine der unzähligen Aufbauvarianten der Kibri-Farbenfabrik zu sehen. Links trennt „aus dramaturgischen Gründen" eine aufgeständerte Strecke den Rangierbereich vom Industriekomplex zur Rechten ab.

Fotos: Rolf Knipper

Die Lok kuppelt mit hörbarem Getöse (synchron aus der digital angesteuerten Bassbox unter der Anlage) an. Leider ist dieser Effekt mit einem Bild nicht rüberzubringen!

Anlagen-Steckbrief

Nenngröße:	H0
Baumaßstab:	1:87
Anlagengröße:	2,70 x 0,65 m
Thema:	Rangierbahnhof mit verschiedenen Gleisanschlüssen eines Industriegebiets in den USA
Rollmaterial:	Aethaern, Lifelike
Gleismaterial:	Roco (Code 100)
Epoche:	III

http://home.planet.nl/~halma092

oder http://www.ronaldhalma.tk

E-mail: ronaldhalma@planet.nl

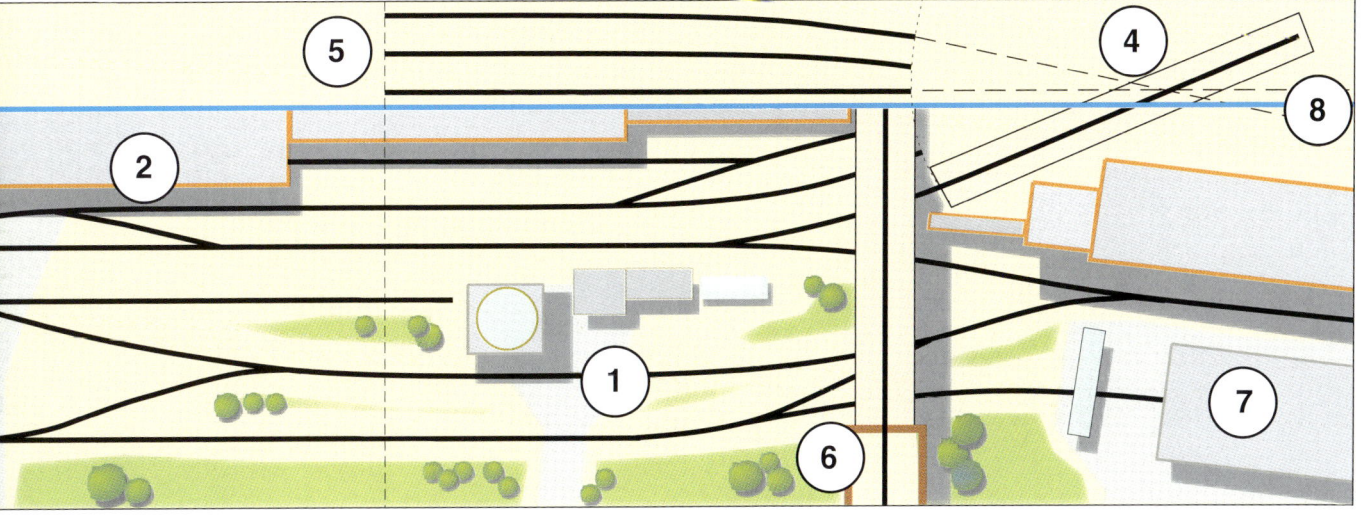

HOm

1:87

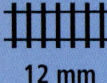

12 mm

Bosseln an der Bahn

Wenn „gebosselt" wird, bleibt der Autoverkehr stehen! Mit stoischer (um nicht zu sagen: notorischer) Ruhe geht man mitten auf der Straße dem Mannschaftsballspiel nach.

Wo ist der Ball? Keine Sorge, die Suchmannschaft ist schon zugange.

Typisch für Ostfriesland: ein „Galerieholländer". Auf der Basis eines Kibri-Bausatzes wurde das Modell umgebaut und in der Höhe aufgestockt.

osseln – nie gehört? Bei dem Begriff „bosseln" handelt es sich keineswegs um eine Nebenform von „basteln", sondern wohl um den bekanntesten Volkssport in Ostfriesland. Neben einer typischen Szene des Mannschafts-Ballspiels keltischen Ursprungs auf den langen Straßen hoch im Norden gibt es aber auch noch Modellbahnbau vom Feinsten auf der weitläufigen Modulanlage zu sehen.

Das Projekt

Udo König kann sicher als treibende Kraft des Projekts der Modellumsetzung der Kleinbahn Leer–Aurich– Wittmund gelten, obgleich eine solche Aufgabe ohne Mitstreiter, wie z.B. Carl Ahlrichs aus Leer von den Eisenbahnfreunden Ostfriesland, kaum möglich wäre. Basierend auf den Anfängen seiner Anlage mit dem Thema „Wangerooge" begann Udo König für das Projekt zu werben. Bei dem grundsätzlichen Aufbau der Module orientierte man sich weitestgehend an den Fremo- (HOm-) Normen.

Ein enormes Fachwissen, vieles aus der allgemeinen Geschichte Ostfrieslands und vor allem ein Zugang zur heimischen Mentalität waren erforderlich, um den bisherigen Stand der Anlage zu erreichen. Es galt, die Vorbildstrecke möglichst mit allen Bahnhöfen und Betriebsstellen nachzustellen. Dazu befragte man auch einheimische Anwohner der Strecke und machte Exkursionen zu den Örtlichkeiten.

Einige Szenen der Streckenmodule stellen typische Gegebenheiten Ostfrieslands ohne direktes Vorbild dar. Beispielsweise wären da die große Windmühle (Typ Galerieholländer) und ein Müllerhaus in der unmittelbaren Nachbarschaft der Strecke zu nennen. Heinz Roehmer baute gekonnt das entsprechende Modul samt

Zahlreiche kleine Betriebe, wie z.B. Hefe- oder Spritwerke, Ziegeleien und Molkereien, hatten ihren Sitz entlang der Bahntrasse.
Mit Pferdekraft werden die Baumstämme aus dem Wald zur Ladestelle der LAW geschleppt. Das Motiv ist analog zum Vorbild umgesetzt worden.
Ein offener Güterwagen wird gerade am Sturzgerüst bereitgestellt.

Gebäuden. Die Windmühle entstand aus einem Kibri-Bausatz, wurde aber noch ergänzt und in den Abmessungen variiert.

Die Bahn begann im Süden in direkter Nachbarschaft des Staatsbahnhofs Leer, der Metropole Ostfrieslands. Die gesamte Strecke war 95 km lang und besaß 45 Bahnhöfe, Anschlüsse und Ladestellen. In Ogenbargen, ca. 53 km von Leer entfernt, verzweigte sich die Bahn einmal in Richtung Wittmund und zum anderen nach Bensersiel. Hier bestand dann die Möglichkeit, auf die Fähre nach Langeoog umzusteigen.

Nicht nur diese Tatsache, sondern auch das umständliche Umladen der Güter von Normal- auf Schmalspur und vorrangig der Ausbau des bis dahin maroden Straßennetzes besiegelten die Stilllegung der Kleinbahn im Jahre 1969. 1998 feierte die „Kreisbahn Aurich GmbH" als Nachfolge-Gesellschaft ihr hundertjähriges Bestehen.

Haltepunkt Hesel

Von Leer aus gesehen im Kilometer 13 Richtung Norden befand sich der Haltepunkt Hesel nebst Ladestelle. Man könnte aufgrund der Ausstattung mit drei Weichen bereits von einem richtigen Bahnhof sprechen. Allerdings diente das beidseitig angeschlossene Ladegleis ausschließlich zur Bereitstellung von Waggons am Güterschuppen. Dazu war noch ein Stumpfgleis für die Anbindung der Ladestraße vorhanden.

Für den Personenverkehr stand lediglich eine Wartehalle in der einfachsten Bauform zur Verfügung. Hier kreuzte zudem die Landstraße niveaugleich in Höhe der Güterhalle die Bahntrasse und ansonsten umgab das Ganze Weideland bis zum Horizont in typisch ostfriesischer Manier; also eine endlose Weite mit schwarzbunten Kühen und hier als Besonderheit sogar mit Hühnern. Clemens Schröder baute auf zwei Grundmodu-

len die Haltestelle Hesel. Die Gebäude entstanden komplett im Selbstbau und für die Gleisanlage kam Tillig-Material zum Einsatz.

Carl Ahlrichs organisierte im Frühjahr 2004 in Leer in einem bekanten Autohaus eine kleine Modulausstellung. Dr. Ernst Gölz baute in akribischer Kleinarbeit eine Holzverladung auf freier Strecke und die Verladeanlagen des sogenannten „Rasenerzes" nebst Anschlussgleis nach. Die Vorbilder hat es tatsächlich kurz vor der Haltestelle Middels-Westerloog in Kilometer 51,185 gegeben.

Die Fa. Binder baute von 1937 bis 1940 per 600-mm-Feldbahn Erzvorkommen, welche in oberen Bodenschichten liegen, im Tagebauverfahren ab. Das Abbaugebiet ist mit seinen entstandenen Teichen und Tümpeln nur angedeutet und der Kleinserien-Feldbahnzug rumpelt mit seinen Loren aus der Seenlandschaft kommend auf das selbstgebaute hölzerne Sturzgerüst.

Zudem baute Dr. Gölz die Holzverladung nahe der Försterei Neuenwalde nach. Es lässt sich vermuten, dass ein Zug entsprechender Wagen hier auf dem Streckengleis abkuppelte und der Gegenzug diese dann wieder zum nächsten Bahnhof vor sich herschob. Diese Betriebsabläufe hat es in der Zeit von 1918 bis 1922 gegeben.

Trennungsbahnhof Ogenbargen

Herbert Wieneke nahm sich dieses Bahnhofs in Kilometer 53,3 an. Die dargestellte Epoche deckt den Zeitraum von 1909 bis 1952 ab. Hier trennen sich die Streckenäste in Richtung Bensersiel oder Wittmund.

Der Bahnhof ist zweigleisig ausgelegt und besitzt zudem noch ein Ladegleis mit Güterschuppen und Lagergebäude der Raiffeisengenossenschaft Middels. Die Funktion des Empfangsgebäudes übernahm der vis-à-vis zu findende Gasthof Gossel. Der Wirt betrieb nebenher die Bahnagentur,

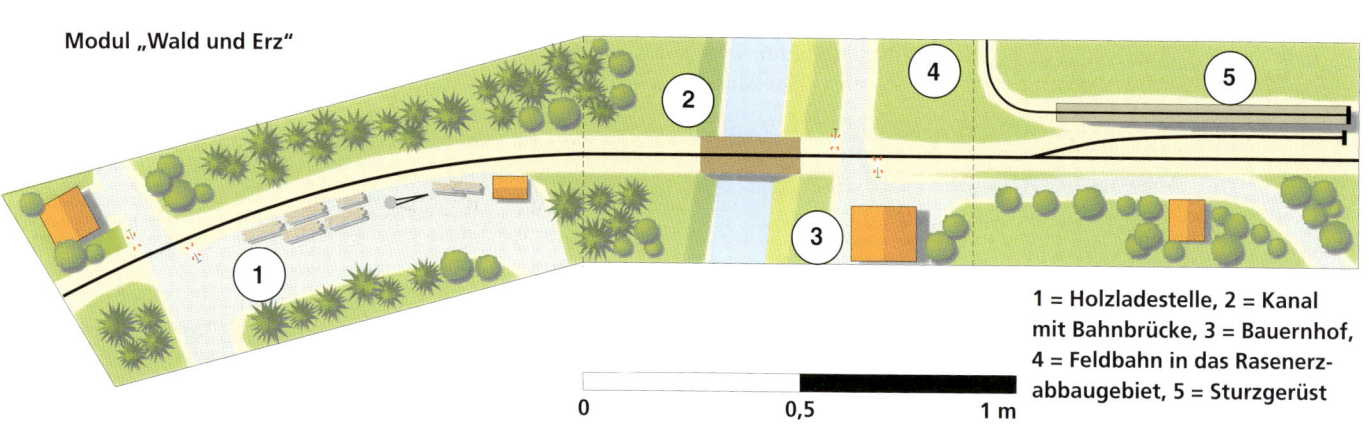

Geschäftiges Treiben am Kleinbahnhof in Wittmund. Im Hintergrund sind die – in Wirklichkeit umfangreicheren – Anlagen der Staatsbahn angedeutet.

Fotos: Rolf Knipper

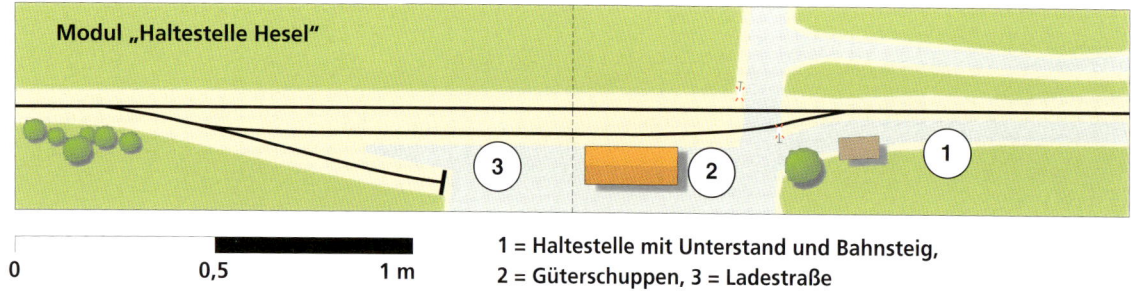

Modul „Haltestelle Hesel"

0   0,5   1 m

1 = Haltestelle mit Unterstand und Bahnsteig,
2 = Güterschuppen, 3 = Ladestraße

Modul „Wald und Erz"

0   0,5   1 m

1 = Holzladestelle, 2 = Kanal
mit Bahnbrücke, 3 = Bauernhof,
4 = Feldbahn in das Rasenerz-
abbaugebiet, 5 = Sturzgerüst

Der DB-Bahnhof namens „Hörn", den der Niederländer Derk Huisman für den Club gestaltet hat, ist zwar fiktiv, passt aber bestens in die „Nachbarschaft" der ostfriesischen LAW. Achtung, Herr Taunus-Fahrer! Die 86 passiert den durch Lichtzeichen gesicherten Bahnübergang.

Bei Brill verläuft die Trasse auf einem Damm, um eine Senke auszugleichen. Im Vordergrund die Kühe des Bauern Reents.

Anlagen-Steckbrief

Nenngröße:	12 mm
Baumaßstab:	1:87
Anlagengröße:	100 x 60 cm je Modul
Thema:	Kleinbahn Leer–Aurich–Wittmund
Rollmaterial:	Bemo, Tillig, Schmalspur-König, Eigenbauten
Gleismaterial:	Bemo
Epoche:	III

also den Fahrkartenverkauf; Reisende kehrten dort bis zur Abfahrt des Zuges ein. Das Modell ist nach den Originalunterlagen selbst gebaut.

Wittmund – Endstation

In Kilometer 67,5 wird das Ende eines Streckenastes markiert. Hier traf die Kleinbahn einst wieder auf die Staatsbahn. Udo König nahm sich persönlich der Modellumsetzung an.

Der Gleisplan entspricht der Situation um 1906. Dementsprechend sind dann auch die meisten Gebäude und zeithistorischen Nebenanlagen dargestellt. Es gibt die typische Viehrampe und auch das Kleinbahn-Empfangsgebäude erstrahlt im alten Glanz.

Im Hintergrund befindet sich eher als statisches Element die Staatsbahn in Form der GOE, also der Großher-

zoglich Oldenburgischen Staatsbahn. Deren Empfangsgebäude entstand aus einem Auhagen-Bausatz.

Die Gleisanlagen wurden mit Tillig-TT-Material ausgestattet und anschließend in einer Kiesbettung platziert. Damit sind die zu kurzen und zu eng angeordneten TT-Schwellenlagen so gut wie nicht mehr erkennbar. Vorteil: man kann schlanke Weichen und DKWs des Herstellers vorsehen.

Zudem ist an eine Rollbockgrube gedacht worden. Viele Ladestellen bekamen seinerzeit aufgeschemelte Vollspurwaggons zugestellt, um dem im Grunde hinderlichen System einigermaßen rationell begegnen zu können. Rationalisierung war denn auch der Auslöser für das Ende der Kleinbahn. Aber gerade dieses umständliche Treiben wird noch lange den Reiz des Modellspiels ausmachen.

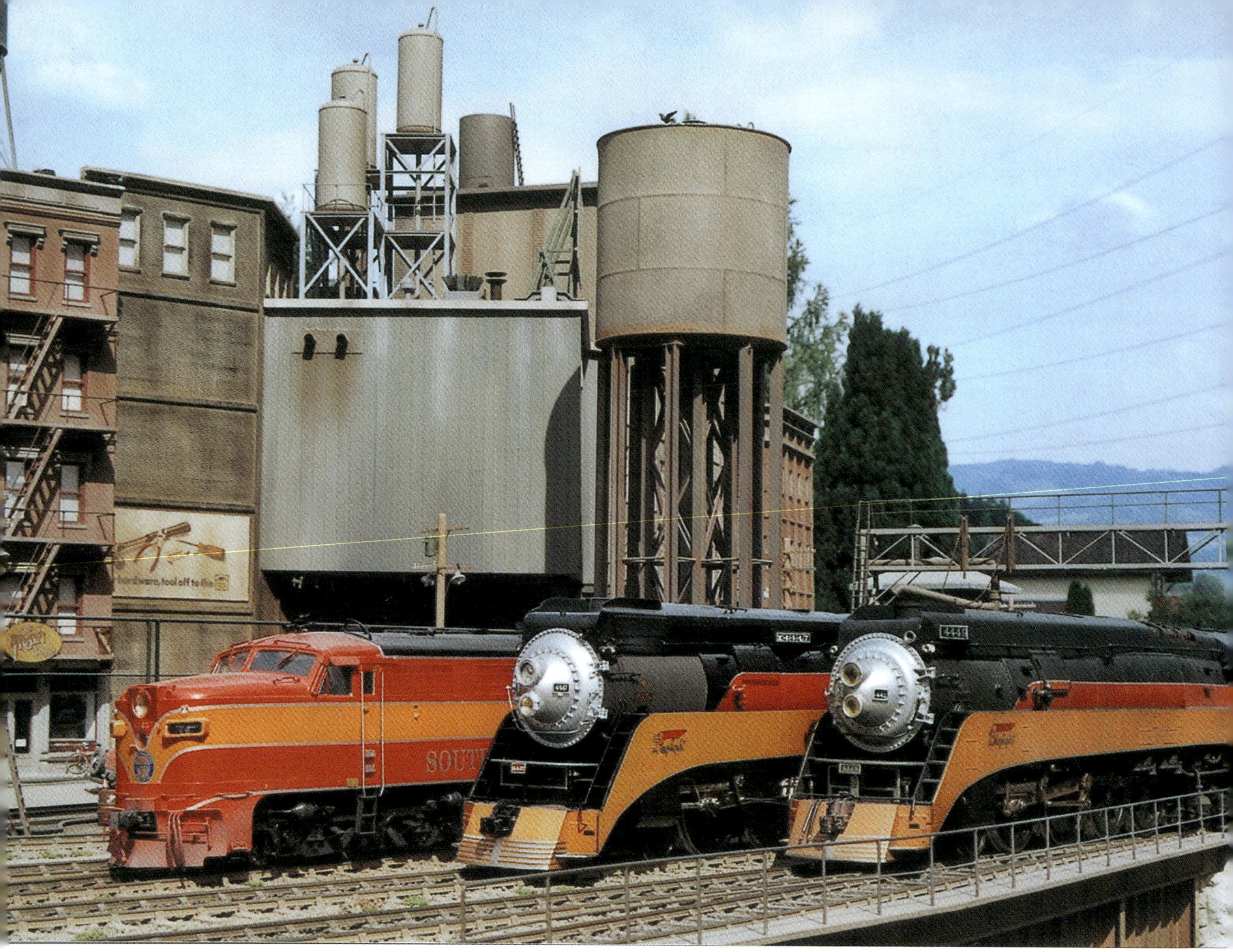

X 4267
4267
SP

TRAILBLAZER
HOTEL
THE Daylight

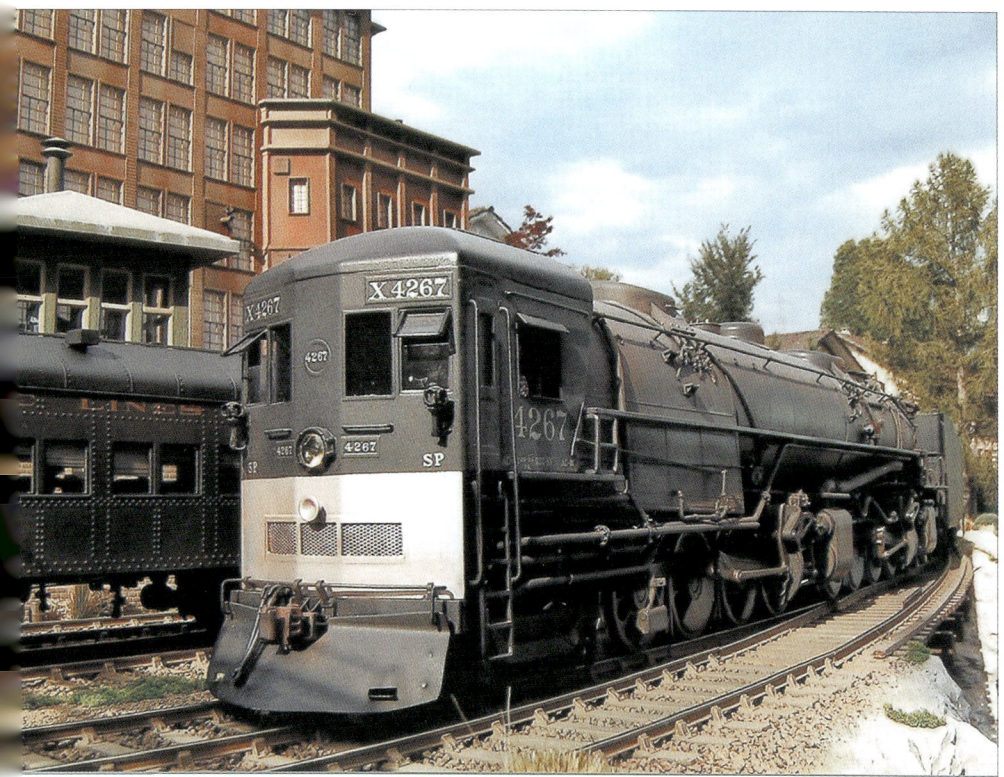

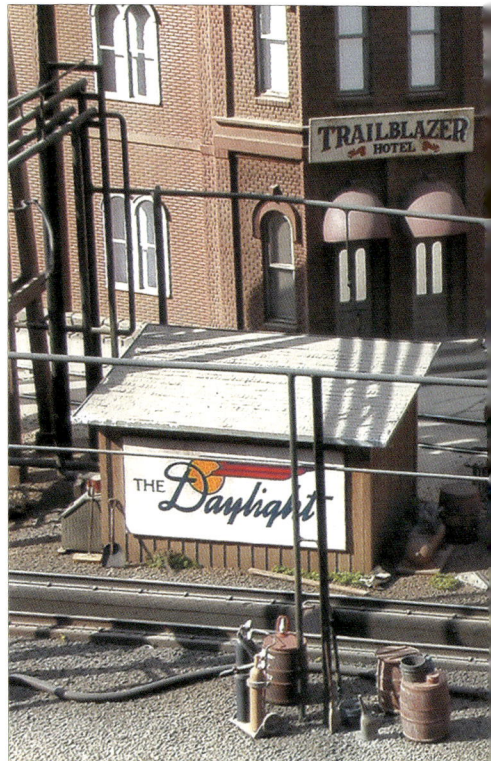

Mit Daylight und Cab Forward

Vier Jahre Bauzeit benötigte Günther Holzgang, bis er mit den hier vorzustellenden Segmenten 9 und 10 die Gesamtlänge seiner Anlage von 15 Metern erreicht hatte. Die amerikanische Kleinstadt steht nun vollständig und in ihrer ganzen Pracht da! Hafen, Industrie und der Bahnhofsbereich sind schon Jahre zuvor fertig geworden. Neu hinzugekommen ist auf den beiden letzten Teilen das Betriebswerk.

Die letzten beiden Segmente

Der größte Teil der Anlage ist in einem Schauraum in der Nähe von Zürich untergebracht. Für die beiden Segmente 9 und 10 ist allerdings in diesem Raum kein Platz mehr. So stehen nun beide Teile zu Hause in einem separaten Zimmer. Wichtig ist, dass die Teilstücke bei konstanter Temperatur gelagert werden können.

Im September 2004 wurde ein Raum für drei Monate gemietet, in dem die ganze Anlage aufgebaut und betriebsbereit gemacht wurde. In der Mitte der Anlage steht das bewegliche Bedienpult. Alle Funktionen werden von diesem ausgeführt. Für beide neuen Anlagenteile wurden über 200 Meter Elektrokabel eingezogen. Auch alle Weichen und Blockabschnitte konnten überprüft werden.

Die beiden neuen Teilstücke mit dem ausgedehnten Betriebswerk sind auch wieder in einem hohen Detaillierungsgrad ausgeführt. Zum Beispiel gibt es auf dem Teil 9 ein Modelleisenbahngeschäft. Im Innern gut zu erkennen: Ein Junge, die Eltern und der Verkäufer stehen um eine Modellbahnanlage, auf der ein „Daylight-Zug" seine Runden dreht. Der Eindruck des Jungen verstärkt sich natürlich noch, wenn draußen vor dem Geschäft gerade die – entspre-

chend größere – Original-Dampflok in der unverkennbaren orange-roten Lackierung des Daylight Express über der Servicegrube steht.

Das Design dieser Lok und deren Wagen war für die damalige Zeit etwas Besonderes. Weit über die Grenzen hinaus waren diese Schnellzüge bekannt. Auch auf technischer Seite konnten sie sich sehen lassen. Gebaut 1939, waren die Wagen bereits mit Scheibenbremsen ausgerüstet. Das lästige Quietschen beim Bremsen war somit vorbei. Auf gerader Strecke konnten diese Züge mit 160 km/h fahren. Handgepäck musste nicht durch die Wagentüren geschleppt werden, dafür gab es von außen zugängliche Förderbänder. Im Wageninneren wurde das Handgepäck vom Schaffner in Empfang genommen und zum Abteil gebracht. Alle Wagen waren klimatisiert und aktuelle Zeitungen standen zur Verfü-

Nicht nur für europäische Augen ein ungewohnter Anblick: Die Tenderbrücke zwischen Lok und Tender einer Cab Forward!

Großes Bild: Wie zu einer Werbeaufnahme sind diese drei Zuglokomotiven des legendären Daylight-Expresszuges der Southern Pacific Lines aufgefahren!

Ganz links: Ein Markenzeichen der Southern Pacific waren deren Gelenklokomotiven „Cab Forward" mit vorneliegenden Führerständen. Ab 1910 eroberten sie das Streckennetz der SP. Sie wurden vor allen Zugarten eingesetzt.

Links: Neben der Untersuchungsgrube ist allerlei Werkzeug kunstvoll-unordentlich drapiert. Für die Bediensteten muss ein einfacher Unterstand genügen.

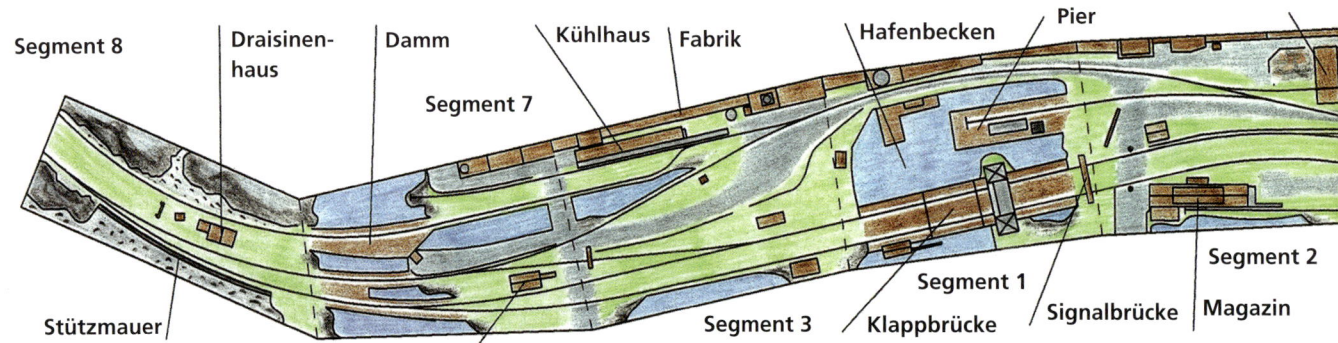

Infolge der geänderten Bebauung (Büroanbau) hat der Schrottplatz jetzt kein eigenes Zufahrtsgleis mehr. Wenn er so weiterwuchert, werden die Rangierloks wohl bald Mühe haben daran vorbeizukommen.
Rechte Seite: Die GS-Lokomotiven zogen regulär die Daylight-Züge und trugen auch die Farben Orange und Rot.

gung. Die Southern Pacific hatte auch den geeigneten Slogan für diese Daylight-Züge: „The Most Beautiful Train in the West".

Im Vordergrund der Anlage stehen im Betriebswerk die Öl- und Schmieranlagen. Da die Southern Pacific nur ölgefeuerte Dampflokomotiven betrieb, ist die Ölstation etwas markanter ausgefallen. Am gleichen Ort ist die Reparaturstelle mit dem Servicegleis bemerkenswert. Der Wasserturm rechts daneben wurde bereits vor 16 Jahren gebaut. Damals, 1989, war die Geburtsstunde der „Bay-Shore-Line"-Anlage.

Auf dem Anlagenteil 10 ist die Fort-

setzung des Betriebswerkes zu sehen. Auffällig – schon allein von der Größe her – ist das Industriegebäude. Der hintere Teil dieses Gebäudes musste für den Transport abnehmbar gestaltet werden. Rechts am Gebäude deutlich zu sehen: der Büroanbau, der im Original erst später dazugekommen ist. Im Erdgeschoss ist ein Versandhandel untergebracht. Laufende Deckenventilatoren bringen die nötige Kühlung am Arbeitsplatz.

Unter dem Gebäude führt ein Industriegeleis durch, das in einem Tunnel verschwindet. Dieses Industriegleis wird später einmal für den Schattenbahnhof benutzt, der zwischen dem

vorderen und hinteren Anlagenteil entstehen soll.

Um mit dem hinteren Anlagenteil das Oval zu schließen, stehen neue Überlegungen und Herausforderungen an. Für die Rückseite der Anlage soll ein Stück vom berühmten Donner-Pass, der in Kalifornien über die Sierra Nevada führt, gebaut werden – eine Gebirgslandschaft vom Boden bis Richtung Decke.

Die beiden Richtungsgleise der Doppelgleisstrecke werden, wie im Original über den Pass, nicht parallel verlegt. Das vordere Gleis wird denn auch über eine etwa drei Meter lange Brücke in der Anlagenmitte

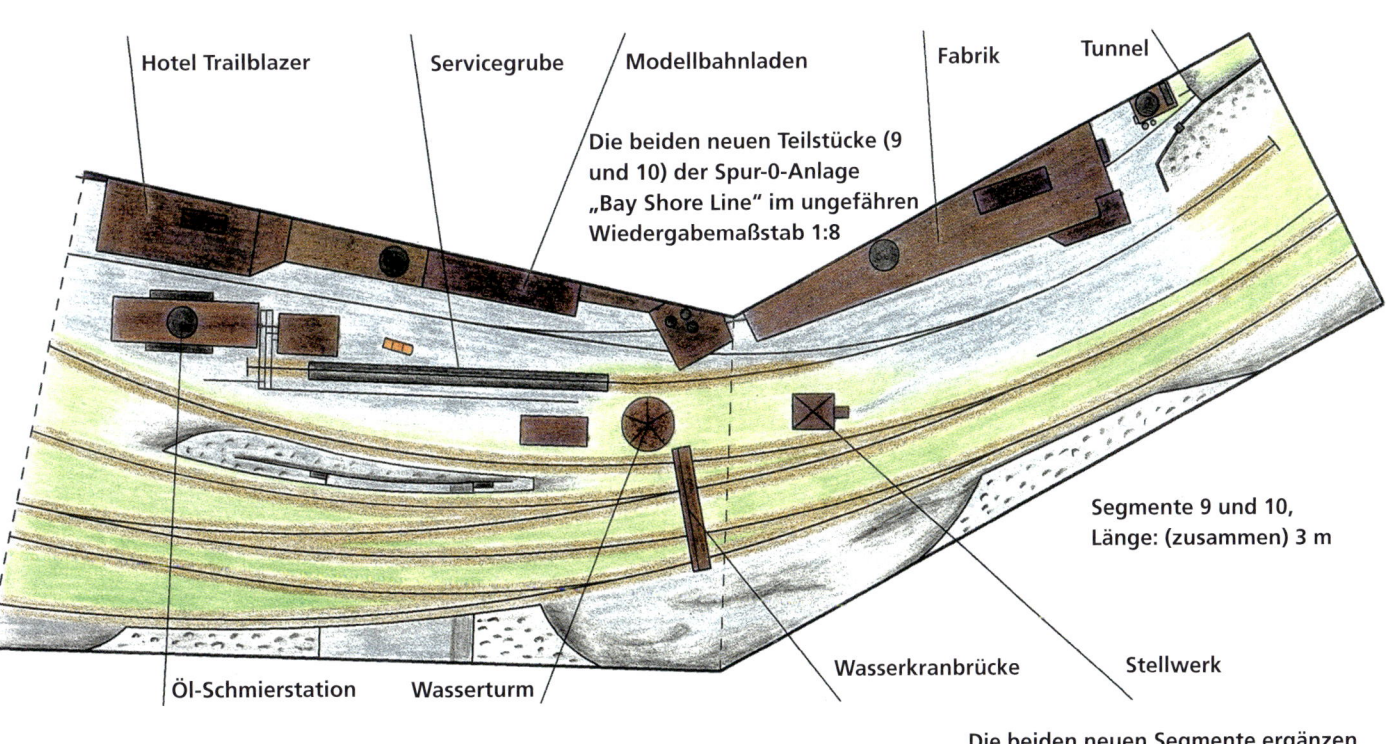

Hotel Trailblazer   Servicegrube   Modellbahnladen   Fabrik   Tunnel

Die beiden neuen Teilstücke (9 und 10) der Spur-0-Anlage „Bay Shore Line" im ungefähren Wiedergabemaßstab 1:8

Segmente 9 und 10, Länge: (zusammen) 3 m

Öl-Schmierstation   Wasserturm   Wasserkranbrücke   Stellwerk

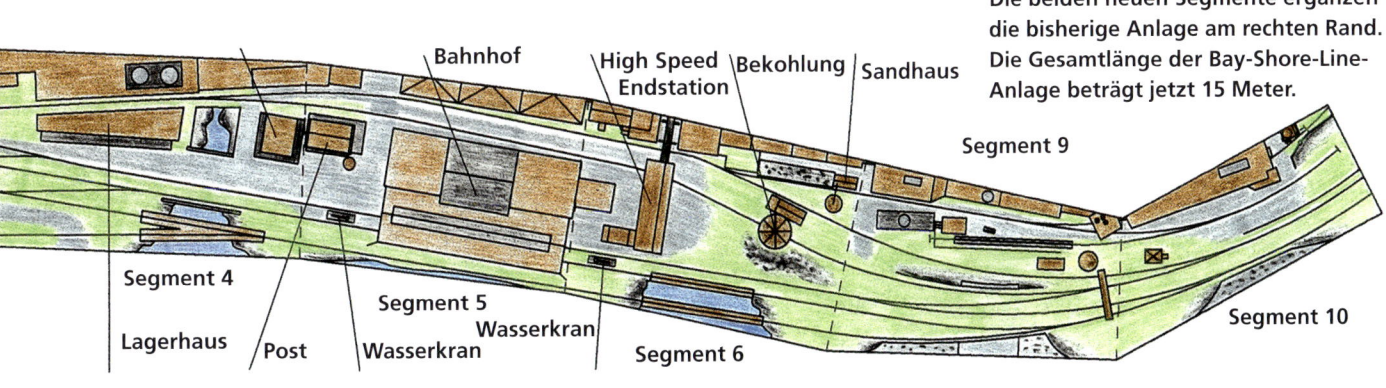

Die beiden neuen Segmente ergänzen die bisherige Anlage am rechten Rand. Die Gesamtlänge der Bay-Shore-Line-Anlage beträgt jetzt 15 Meter.

Bahnhof   High Speed Endstation   Bekohlung   Sandhaus

Segment 9

Segment 4

Lagerhaus   Post   Wasserkran   Segment 5   Wasserkran   Segment 6   Segment 10

führen. Das hintere Gleis wird an Galerien und einer hölzernen Schneeverbauung (Snowshed) am Berghang entlanggezogen.

Die Fahrzeuge

Aber auch am Rollmaterial wurde fleißig gewerkelt: So ist die „Cab-Forward"-Dampflok vom Typ AC-12 vollständig umgebaut worden. Nur das Triebwerk wurde übernommen. Der ganze Aufbau entstand neu nach Originalplänen aus dem Railroad Museum von Sacramento in Kalifornien. Dort im Roundhouse steht noch die letzte erhaltene „Cab Forward".

Von Baldwin Locomotive Works bis Anfang der 40er-Jahre gebaut, waren diese Typen ideale Gebirgslokomotiven, sozusagen maßgeschneidert für die Bedürfnisse der Southern Pacific. Die Southern Pacific hatte am Donner Pass jedoch ein Problem mit den sehr langen Lawinenverbauungen: Durch die Rauchentwicklung in den Galerien war die Sicht eingeschränkt und konnte sogar zur Bewusstlosigkeit

bei der Lokmannschaft führen. Eine zündende Idee war, die Lok einfach umzudrehen. Baldwin löste die technischen Probleme. Die SP bekam so eine ideale Gebirgslokomotive bis zur AC-12.

Zusätzliche Reisezugwagen vom Typ Harriman sind noch dazugekommen. Diese Wagen sind deutlich kürzer als die sonst in Amerika üblichen „Heavyweights", waren aber nur bei bestimmten Bahngesellschaften im Einsatz. Harriman ließ übrigens die ersten Stahlwagen bauen! An diesen Wagenmodellen waren noch verschiedene Details anzubringen, wie z.B. sichtbare elektrische Leitungen auf den (runden) Wagendächern und die ganzen Inneneinrichtungen mit Personen.

Besonderes Merkmal dieser Anlage ist der gewaltige Sound, der aus großen Boxen unter der Anlage den Zuschauer beschallt. Wer das Glück hatte, die Anlage einmal auf einer Ausstellung zu sehen, wird dieses akustische Erlebnis so schnell nicht vergessen.

Viel atmosphärische Wirkung auf – für Spur 0 – kleiner Fläche! Man beachte nur einmal den unregelmäßigen Bretterzaun! Die beiden „Switcher" warten offenbar auf Arbeit.

Fotos und Zeichnungen: Günther Holzgang

Anlagen-Steckbrief	
Nenngröße:	0
Baumaßstab:	1:45
Anlagengröße:	15,0 x ca. 2,0 m
Thema:	Bahnhof an der amerikanischen Westküste mit Industriegebiet
Rollmaterial:	Handarbeitsmodelle diverser Anbieter
Gleismaterial:	Peco, Old Pullman
Epoche:	USA 40er-Jahre